우리 역사 속의 마늘

Garlic in Korean History

박홍현 · 이성동

〈저자 약력〉

■ **박홍현**(이학박사, 단국대학교)
경희대학교 호텔관광대학 외식경영학과 교수
경희대학교 명예교수
511phh@hanmail.net

■ **이성동**(공학박사, 동국대학교)
고려대학교 보건과학대학 식품영양학교 교수
고려대학교 명예교수
lsdojm@hanmail.net

인류의 식생활 가운데 마늘처럼 호불호가 분명한 것은 거의 없다. 마늘은 예로부터 질병의 예방이나 치료는 물론 생명력을 북돋워 주는 식품이었다. 이집트의 피라미드 건설공사에서 마늘이 일상 식량처럼 제공되었고, 알렉산더 대왕의 병사들에게도 전장에서 지치지 않는 활력을 주기 위하여 마늘을 지급하였다. 그러나 마늘은 그 냄새 때문에 기피의 대상이 되기도 하였다. 특히 불교 문화권에서는 절대적 금기의 대상이었고, 유교 문화권에서도 제례나 중요 행사에는 부정한 식품으로 배척당하였다. 마늘이 많은 사람에게 싫어하는 냄새를 가지고 있음에도 꾸준히 사랑을 받는 것은 경험적으로 마늘이 좋은 점이 있었기 때문일 것이다.

고려 이전 삼국시대에도 가축을 도살하여 식용으로 하였지만, 소가 귀하고 농경에 필요하기 때문에 실제 소를 도살하는 것은 제한적이었을 것이다. 더구나 고려가 건국하면서 불교를 국교로 정하였기 때문에 식생활에도 많은 변화를 가져오게 되었고 육식이나 향미식물의 사용을 극도로 제한하는 사찰의 음식 문화는 고려 말 몽골의 지배를 받을 때까지 지속되었다. 몽골의 침입 후 육식 문화가 궁중으로부터 파급되기 시작하였다. 왕실에서는 불교 요리를 버리고 다시 고기를 중요한 음식으로 삼았으며 양파와 향신료를 사용하게 되었고 이때 마늘과 같이 불교에서 기피하는 오신채가 함께 식탁에 오르게 되었을 것으로 추정할 수 있다.

서양에서는 에스파냐인들이 신세계에 온 뒤 구세계와 신세계 사이에서 유명한 콜럼버스의 식품 교환*이 일어났다.

쌀, 돼지고기, 치즈, 양파, 마늘, 후추, 계피, 설탕이 모두 대서양을 건너 멕시코로 갔으며, 닭고기 기소(chicken guiso) 같은 에스파냐식 스튜도 그렇게 전해졌다. 닭고기 기소는 구운 양파와 마늘, 그리고 계피, 커민, 클로브, 아니스, 참깨 같은 무어식 향신료를 재료로 쓴 요리이다.

영국의 일간신문 〈가디언〉이 "건강하게 오래 사는 비결" 30항목을 보도한 것을 보면, 먹는 음식에 대한 것이 9가지로 제일 많은 편이다. 그중 먹을 것을 권장하는 것이 정제하지 않은 곡물, 채소와 과일, 생선, 와인, 커피, 차, 마늘이 있는데 그중에도 마늘이 제일 먼저 나온다. 마늘을 하루 1~2알 정도 섭취하면 체내 유해 화학물질을 48%까지 감소시킬 수 있고 암이나 면역 체계 이상, 관절염 등을 예방할 수 있다. 기억력 감소, 치매 예방에도 효과가 있는 것으로 소개하고 있다. 그 외에는 섭취를 권장하지 않는 식품으로는 패스트푸드, 소금이 있다.

수년 전에 《마늘의 세계》란 책이 출간된 후 우리 역사 속에서는 마늘을 어떻게 보고 있는지, 어떻게 이용하였는지에 대한 궁금증이

---

* 콜럼버스의 (대)교환 : 콜럼버스가 신대륙을 발견한 뒤 남북 아메리카와 유럽 – 아프리카 사이에서 이루어진 동식물, 문화, 인적 자원, 질병, 기술, 사상의 교환을 말한다.

생겼다. 수많은 고전에 대하여 이름은 들어 보았으나 실제 원문을 접해본 적은 거의 없다. 원문을 보더라도 대부분 한자로 쓰여 한자에 무식이 들어나 전혀 이해가 되질 않아 번역본에 의지하는 수밖에 없었다. 다행히도 고전을 친절히 번역하여 누구나 볼 수 있게 만들어준 고전번역원, 또 이런 자료를 모두 모아 한꺼번에 찾기 쉽게 만들어준 한국고전 종합데이타베이스는 우리의 길잡이였다.

고전 중에서 마늘이란 글자가 보이면 관련성을 크게 부풀리고 싶은 심정이다. 전통 양반 사회에서 음식을 다루는 일은 하위 계층에서 하는 일로 노비의 일일 뿐이었다. 그들의 몫이다 보니 양반들의 눈에 마늘을 기록한다는 것은 정말 기대할 수 없는 일이다. 마늘을 음식의 재료로 보는 것이 아니라 인간관계나 사회적 상규, 규례를 지키는데 판단의 기준으로 생각하고 기록했을 것이다. 그러나 우리에게는 마늘이 주인공이고 양반들의 고귀한 글놀이는 단지 주변이며, 액세서리에 불과하다.

마늘에 관하여 사용되거나 인용한 자료가 거의 왕실이나 양반들의 글로 남아 있는 것들이기 때문에 민초들에게 흐르는 바탕의 문화를 알 수 있는 방법이 없다. 문자를 다루는 것 자체가 권력의 속성에 가깝기 때문에 권력의 희생양이 되어 버린 사람들의 삶은 주로 물건이나 이야기의 모습으로 살아남는 경우가 허다하다. 이러한 경우를 우리는 흔히 민속이라는 이름으로 대상화하고 있다.

민속은 정확히 전달되거나 의미가 분명치 않은 경우도 있다. 그러나 민속은 민초의 숨결이며 삶의 바탕이었다. 그래서 민속을 대할 때는 그 지역이나 같은 환경에 접하여 살고 있는 사람들의 가슴속 이야기가 피부에 와 닿는다. 검색된 자료를 구슬 꿰듯 이곳저곳에 꿰어 놓았다. 우리는 구슬을 만드는 사람이 아니라 단지 흩어진 구슬을 꿰고 있다는 마음으로 본서를 시작하였다. 미처 헤아리지 못한 자료가 많을 줄 생각되나, 접근이 가능한 자료를 모아 정리한 것으로 위안을 삼고자 한다.

이 책은 8개 부분으로 나누었다.

첫째는 마늘이 어디서 나와 어떻게 전파되었는지를 알아보고자 하였다. 또 어원이 어디서 나왔는지도 찾아보려고 하였다. 너무 오래된 이야기라 추정에 불과하지만 대체로 인정되는 내용을 모아 보았다.

둘째, 마늘의 역사가 아주 장구하고, 삶의 주변에서 계속 머물러 있다 보니 우리 삶의 신화가 되었고, 이런 신화는 건국신화에서부터 액운을 퇴치하는 부적 같은 역할을 하기도 하였다.

셋째, 마늘은 상류사회의 일상 삶과는 거리가 있는 식품이다. 그래서 민중들과 함께하는 민속에 많이 등장하여 세시풍속과 함께 민중들의 삶에 파고들어 있다. 그 냄새 때문에 정결하지 못한 식품으로 인정되어 제례나 행사가 있을 때는 눈총을 받고 금기 식품으로 분류되었다.

넷째, 왕실 기록에서 마늘을 찾아보았다. 왕실 생활에서 마늘은 먹는 식품으로 기록된 것보다 마늘을 먹지 말아야할 경우를 나열한 느낌이 든다. 궁중에서는 수많은 제례나 행사가 있는데, 시대에 따라 차이는 있지만 특히 조선 초기에 규제가 많았다.

다섯째, 국제 관계라면 중국이나 일본과 사신 왕래가 많았으므로 사신이 가거나 외국 사신이 왔을 때 음식에 관한 기록에서 마늘이 나오며, 해상 사고로 표류하다 중국이나 일본, 류구국에 억류되었다가 귀환한 어부나, 진상품을 운송 도중 태풍으로 표류하다 외국에 억류되었던 관원들까지 일기 형태로 상세한 기록에서 마늘을 찾아보았다.

여섯째, 마늘은 식품일 뿐 아니라 약품으로 사용한 예가 많다. 옛 의서들은 마늘을 어떻게 질병 치료나 예방에 사용하였는지 국내외 자료를 조사하였다. 마늘의 약리적 용도는 동서양이 거의 비슷하나 서양에서 더 다양하게 쓰였던 것으로 보인다.

일곱째, 옛 식품 관련 서적에서는 마늘을 포함한 오신채에 대하여 활력을 주는 식품으로 기록하고 있다. 계절을 알리며 새봄의 기지개와 같은 식품이었다.

여덟째, 마늘이 문학작품의 소재로 많이 이용된 것은 입춘을 즈음하여 오신채를 먹는 풍습이 왕실이나 반가에도 잘 알려져 있기 때문이다. 그래서 시인, 묵객들이 입춘을 노래하고 입춘에는 거의라고 할 정도로 오신반을 즐겼다.

출판계의 여건이 어려운데도 흔쾌히 출간의 용단을 내려주시고 도움말까지 주신 광문각 박정태 회장님의 배려에 감사를 드리고 더 좋은 책을 만들기 위하여 편집하고 꼼꼼히 교정하여준 편집부 식구들에게 고마운 마음을 전합니다.

2016년 가을빛 고운 철
박 홍 현 · 이 성 동

■ 머리말

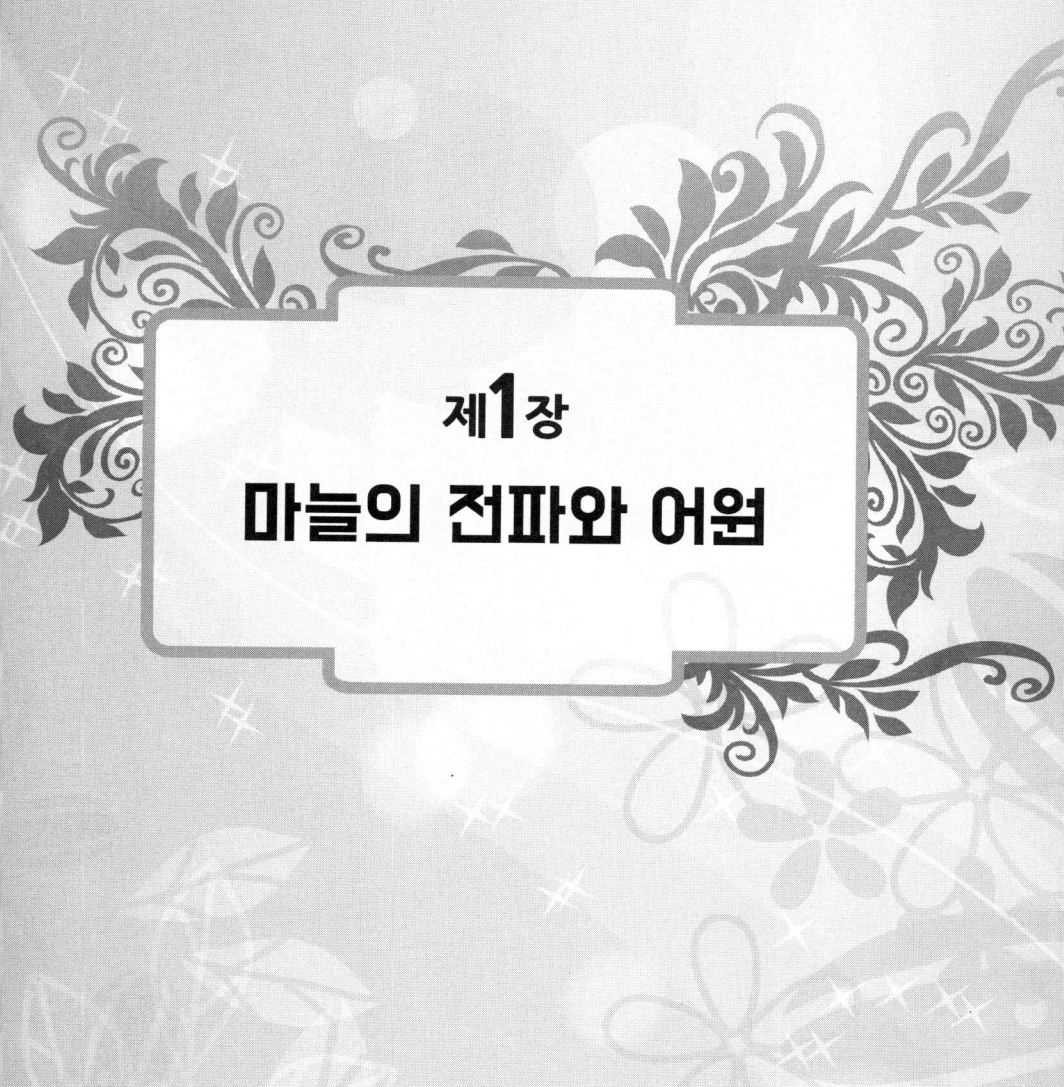

제1장
마늘의 전파와 어원

제1장 마늘의 전파와 어원

1. 마늘의 원산지와 전파

5000년 이상 재배되어온 마늘은 인류가 최초로 재배한 작물 중의 하나일 것이다. 야생 마늘은 중앙아시아에 기원을 하고 투르크메니아의 동북쪽 산악 지역을 넘어 파미르고원과 천산 지역으로 퍼져나갔을 것으로 추정되고 있다. 마늘이 야생 상태로 발견되는 유일한 지역이 중앙아시아 초원의 불모 지역이라고 드 캔돌이 주장하였다. 또 중국에서는 수안이라는 이름으로 오래전부터 알려져 있고 야생종까지 기록하고 있다.

울릉 산마늘

 **우리 역사 속의 마늘**

마늘의 발상지에 관한 연구는 효소 실험이나 미토콘드리아 유전자에 대한 차이를 조사하므로 밝혀졌다. 이 연구에 따르면 마늘은 5개의 그룹으로 분류할 수 있는데 아시아형, 러시아형, 유럽 Ⅰ·Ⅱ형, 유고슬라비아형으로 나누었다.

중국·태국·한국·일본 등 동남아시아에서 재배하고 있는 마늘은 모두 동일한 패턴을 보이고 있으며 유럽에서 재배하고 있는 것과는 다른 것으로 나타났다. 또 알마타, 타슈겐트 등 중앙아시아 지역에서 재배하고 있는 마늘은 5개의 패턴이 모두 나타나는 다양성을 보여 원산지와 가깝다는 지리적 특성이 나타난 것으로 추정할 수 있다. 흥미 있는 것은 중앙아시아 지역에서 채취한 마늘 중에는 종자를 만드는 능력을 가진 것이 발견되었다. 이러한 생식 능력은 아시아형과 유럽형의 중간위치에 있는 것이라고 생각할 수 있다.

그래서 마늘의 고향은 중앙아시아 지역으로 종자를 만드는 능력을 가진 마늘이 자연 교잡에 의하여 다양한 성질을 가지게 된 것이 아닌가 추정된다. 그 후 아시아 지역과 유럽의 2개 전파 경로를 통하여 동시에 전파되고 재배되었다고 볼 수 있다. 아시아 지역과 유럽 지역의 마늘의 유전자 패턴이 아주 다른 것은 원래 계통이 다른 마늘이 전파되었거나, 재배하는 과정 중 지역 환경에 적응력이 강한 품종이 선별적으로 재배된 것이 아닌가 생각된다. 유럽 지역에서 2개의 상이한 패턴의 마늘이 있는 것은 환경에 따라 형성된 품종으로 추측할 수 있다.

마늘의 재배나 식용 흔적으로 제일 오래된 것은 이집트 왕의 무덤에서 발견되었다. 이집트 왕의 무덤에서 점토 모형의 마늘이 발견되

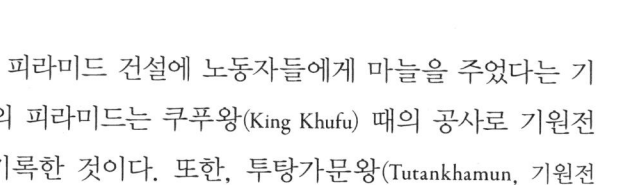

거나 기자(Giza)의 피라미드 건설에 노동자들에게 마늘을 주었다는 기록이 있다. 기자의 피라미드는 쿠푸왕(King Khufu) 때의 공사로 기원전 26세기의 일을 기록한 것이다. 또한, 투탕가문왕(Tutankhamun, 기원전 1332~1323)의 무덤에서도 마늘이 발견되 사후에 왕이 먹도록 준비한 것으로 볼 수 있다. 이집트의 마늘에 관한 유적으로 볼 때 5000년 이상 재배되고 식용되었던 것은 틀림없다고 생각된다.

기원전 2000년경 메소포타미아에서는 다양한 종류의 양파와 마늘, 운향 같은 허브, 사과, 배, 무화과, 서귤, 포도가 부자들의 정원에서 났으며, 또 기원전 600년경 신바빌로니아 왕국의 수도 바빌론의 유명한 공중정원에도 마늘을 재배하였다는 기록이 있는 점토판이 발견되었다.

메소포타미아 문명권에서는 단지 기록이 늦게 발견되었을 뿐이지 이집트보다 식용 역사가 짧다고는 생각하지 않는다. 왜냐하면, 중앙아시아 원산의 마늘이 서쪽으로 전파 과정에서 문명화가 이집트 문명권보다 늦지 않게 형성된 메소포타미아 지역을 제외했다고는 생각하지 않는다. 한편, 이집트 지역에서 별도의 품종이 독자적으로 발생될 수도 있다고 생각할 수 있으나 메소포타미아와 지리적으로 멀리 떨어져 있지 않기 때문에 동일 식물권으로 보는 것이 타당할 것이다.

대 카토가 쓴《농업론》(B.C. 200년경)은 현존하는 가장 오래된 라틴 산문인데, 그 안에 국가 경영과 기본적인 요리에 관한 주장이 실렸으며, 시골 저택에서라면 마늘을 곁들인 밀빵과 신선한 치즈, 훈제한 루카니아식 돼지, 렌즈콩, 치즈 케이크로 식사할 수 있었다고 기록하고 있다. 신채(辛菜) 가운데서 가장 냄새가 강하기 때문에 기피 식품

이 되기도 하였다. 고대 그리스인 사이에서도 마늘을 먹은 자는 신전에 들어오는 것을 금하였다. 그리스에서 마술을 없애는 영초(靈草)로 신성시 되어 오디세우스가 마녀 키르케의 주술을 푸는 데도 사용했다고 전해지고 있다.

3세기에 영국의 로마 영토에 있던 귀족들은 사유지에서 스페인산 토끼, 닭, 꿩, 공작, 뿔닭을 소중하게 키웠다. 정원에는 고수, 딜, 회향, 박하, 타임, 마늘, 리크, 양파, 샬롯, 파슬리, 로즈메리, 운향, 샐비어 등과 같은 허브와 수많은 채소를 심었다.

아시아 지역 중 중국에 마늘이 전래된 것은 한(漢)의 무제(武帝) 시대 외교 사절로 서역에 파견된 장건(張騫)에 의하여 전파되었다고 믿고 있다. 흉노에 잡혀갔던 기간을 포함하여 13년간 서역에서 생활했던 장건이 장안으로 귀환 시 도입했다고 생각되지만, 그때가 기원전 126년경이기 때문에 이집트나 메소포타미아에 전래된 것에 비하여 2000년 이상 차이가 난다. 그러나 장건이 도입하기 전에도 동서 교역 루트가 다양하였기 때문에 장건 시대보다 훨씬 전에 도입되었을 가능성도 배제할 수 없다.

명대(明代)의 《본초강목(本草綱目)》에서는 산에서 발견되는 야생 마늘을 산마늘(山蒜), 들에서 발견되는 것을 들마늘(野蒜)이라 하였고 이것들을 재배하여 산(蒜)이라고 불렀다. 그 후 장건이 서역에서 포도, 석류, 호초 등과 함께 새로운 품종의 산(蒜)을 도입하였는데 기존의 산(蒜)보다 커서 대산(大蒜) 혹은 호산(胡蒜)이라고 부르고 전부터 있었던 품종을 소산(小蒜)이라고 부르게 되었다. 이 마늘이 한대(漢代)에 중국에 알려진 듯하고 삼국시대에서 동진대(東晉代)에 보급된 것

같다는 이성우의 추정이다.

인도에서 마늘은 기원전 6세기경 의약용으로 사용되었지만, 많은 고대 인도 문헌 기록은 마늘과 양파를 먹는 것을 아주 싫어하는 기피 식품으로 기록하고 있어 중국보다 먼저 도입되었지만 전파가 늦어진 것으로 추정할 수 있다. 그래서 중국에 전파된 경로도 장건 시대보다 먼저 인도를 통하여 전파되었을 가능성도 있다고 생각된다. 인도의 고대 의사들에 따르면 입 냄새를 풍기는 양파와 마늘은 삼가고 대신 야위를 사용해야 했다.

5세기 말 차라카와 수슈루타가 산스크리트어로 쓴 저작이 번역된 뒤에 통합된 음/양 – 라자식/사트빅 원리에 따라 메뉴를 조정하였다. 그들은 라자식에 해당하는 양기가 가득한 중국 북부의 전통 음식인 양고기, 양파, 마늘에서 설탕, 두부, 생선, 오렌지, 오이 등의 음기(사트빅)의 음식으로 식단을 바꾸기 시작했다.

우리나라는 단군 신화에 마늘(蒜)이 기록되어 있으나 마늘이 중국에도 기원전 126년경에 도입되었다고 보면 우리나라는 그 후에 전래되었을 것이며 단군 신화에 기록한 '蒜(산)'은 "입춘 후 해일에 산원에서 후농제를 지낸다."라는 내용으로 미루어 재배되고 있던 마늘로 여겨진다. 《동의보감》에서는 대산은 마늘, 소산은 족지, 야산은 달랑괴로 구분하였다.

일본에는 한반도나 중국대륙에서 4~5세기경에 전파되었다는 기록이 있다. 《고사기(古事記)》나 《일본서기(日本書紀)》에 마늘에 대한 기록이 있는 것으로 보아 4세기경 한반도와 통상 시 전파된 것으로 추정하는 것이 타당할 것이다.

2. 마늘의 어원

한자어로는 산(蒜)이라 하는데, 《명물기략(名物紀略)》에서는 어원에 대해 "맛이 매우 날(辣 : 몹시 매울 날)하므로 맹랄(猛辣)이라, 이것이 변하여 마랄→마늘이 되었다"라고 풀이하고 있다.

마늘의 라틴 식물명은 Allium sativum인데 Allium은 라틴어 "olere"(smell), 그리스어 hallesthai(spring up), 셀틱어 all−brennend(sharp taste, burning)에서 유래된 것으로 보이며 sativum은 "cultivated"의 뜻을 갖는다. 또한, 켈트어에서 유래되었다는 주장도 있는데 켈트어 "all"은 "불타는, 찌르는"의 뜻을 가진다고 하였다.

영국에서는 적어도 1000년경부터 농부들 사이에 알려진 것으로 보인다. 영어 "garlic"은 Anglo−saxon어 "gar−leac"에서 유래되었는데 spear plant 혹은 꽃피는 줄기에서 유래된 것으로 보인다. 영어 "garlic"의 첫 음절인 "gar"은 창을 뜻하며 잎이 창처럼 뾰족한데서 유래되었다. 고오트어 "gaar", 독일어의 성에 자주 나오는 "Ger"도 같은 어원을 갖는다고 본다.

옛 아일랜드어 "gae"나 라틴어 "gaesum"도 창을 뜻하며 그리스어나 산스크리트어의 마늘 표현은 화살촉처럼 날카로운 잎 혹은 줄기 끝의 모양에서 이름이 유래된 것으로 생각된다.

"lic"은 영어 "leek"으로부터 유래된 듯하며 "leek"은 독일, 러시아를 비롯한 유럽 여러 나라에서 같은 어원을 갖는 말이 많다. 인도−유럽어의 동사 원형에서 "leug"는 굽어지는(영어 bend) 뜻을 가지고 있어 잎의 유연성과 관계가 있는 듯하다. 대부분의 유럽 국가에서 그 모양

에 의하여 이름이 유래된 경우가 많으나 프랑스어에서는 마늘의 의
약적 가치가 이름에 이용되었다.

울릉 산마늘

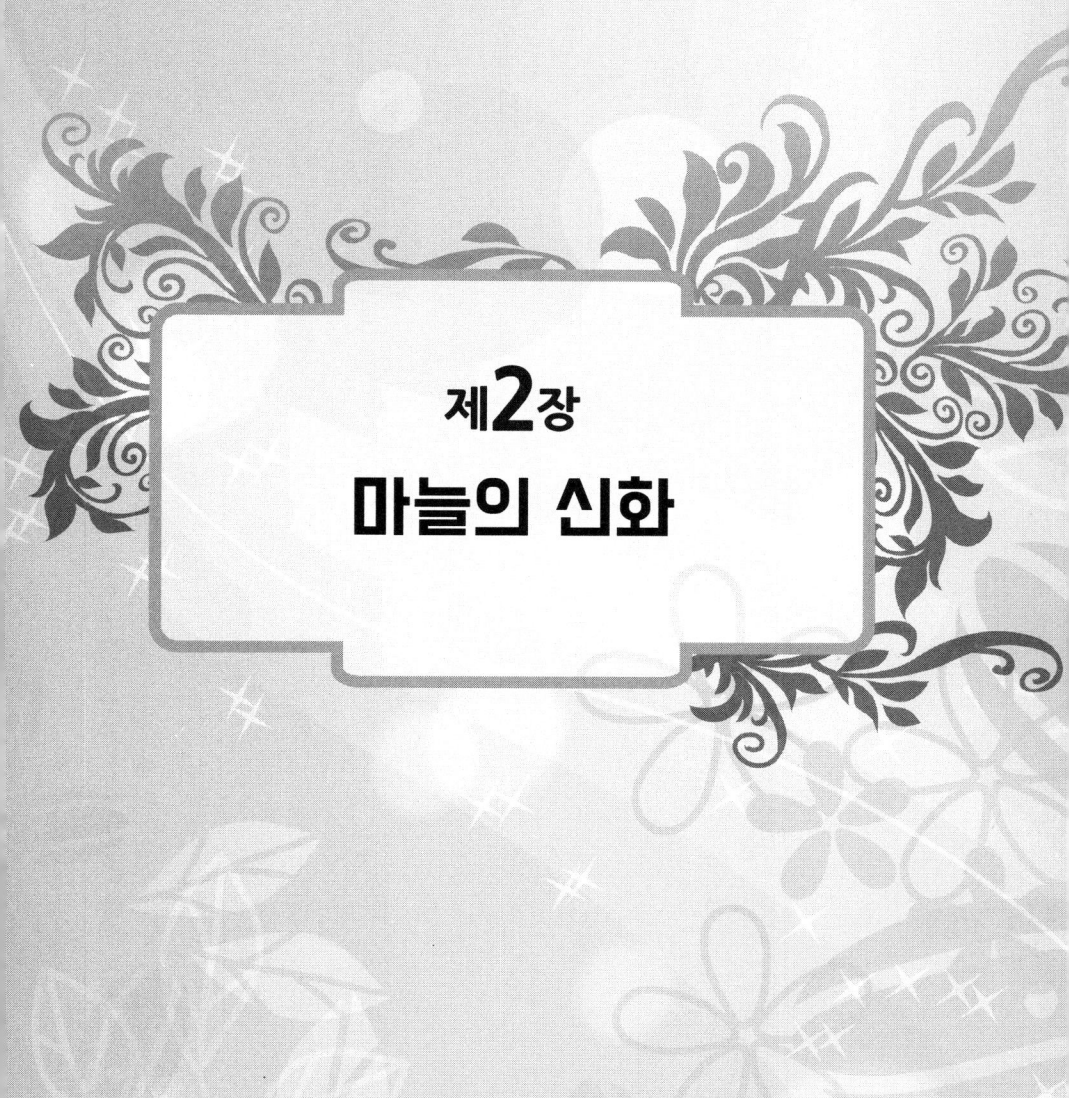

제**2**장
마늘의 신화

제2장 마늘의 신화

1. 단군 신화 속 마늘의 의의

《삼국유사》(권1) 고조선조에 "…… 신이 신령스러운 쑥 한 자루와 마늘 20개를 주고 이르기를 너희들이 이것을 먹고 ……"[신견 영애일 주 산이십매왈 이배식지(神遺 靈艾一炷 蒜二十枚曰 爾輩食之)]라고 되어 있어 쑥 (艾)과 마늘(蒜)이 우리 원시인들의 식용 채소의 하나였으리라 추측된 다. 여기에 있는 마늘은 지금의 큰마늘(大蒜)이 아니고 산마늘, 산부 추, 달래 따위의 야산류(野蒜類)일 것이다.

《삼국유사》〈고기(古記)〉에 기록되길 옛날 환인(桓因)의 서자 환웅 (桓雄)은 자주 천하에 뜻을 두고 인간의 세상을 구하고자 하였다. 아 버지가 아들의 뜻을 알고 천부인 세 개를 주며 세상을 다스리게 하 였다. 환웅은 그 무리 3000명을 거느리고 태백산(太伯山) 꼭대기 신단 수(神檀樹) 밑에 내려와서 이곳을 신시(神市)라 불렀으니, 이분이 곧 환웅천왕(桓雄天王)이다. 그는 풍백(風伯)·우사(雨師)·운사(雲師)를 거 느리고 곡식·수명·질병·형벌·선악 등을 맡아보게 하여 인간의 360가 지 일을 주관하고 인간 세계를 다스려 교화시켰다.

이때 곰과 범이 한 동굴 속에 살면서 항상 환웅(桓雄)께 "사람으로

환태하게 해 주십소사." 하고 빌고 있었는데 환웅은 신령스런 蒜(마늘 산)과 쑥을 내리면서 "이것을 먹고 백일 동안 햇빛을 보지 않으면 사람이 되리라."고 하니 곰은 그대로 실시하여 21일 만에 웅녀(熊女)가 되었다는 것이다. 우리 건국신화에 '蒜'이 등장하고 있다.

오늘날의 자전을 찾아보면 蒜을 '마늘 산'이라 하고 있다. 그러나 진대(晉代) 장화(張華, 232~300)가 지은 박물지(博物志)에 의하면 중국에는 본디 산(蒜)이 있었는데 한대(漢代) 장건(張騫)이 호지[胡地, 서역(西域)]에서 이와 비슷하면서 훨씬 큰 것을 가져왔으므로 이것을 대산 또는 호산이라고 하였다는 것이다.

이로 볼 때 장건의 마늘은 후한(後漢)부터 위(魏)·진(晉)시대에 이르면서 점차 보급된 것이 틀림없다. 《삼국유사》에서 일연스님이 건국신화를 기술하면서 산(蒜)이라고 한 것은 박물지에 의하면 우리가 알고 있는 마늘은 아닐 것이다. 조선시대 초기의 자전인 《훈몽자회》에 의하면 산(蒜)을 마늘, 소산(小蒜)을 "달래", 야산(野蒜)을 "족지"라 구별하고 있다.

이익의 《성호사설》(권5)에서는 지금과 같은 큰마늘이 고려시대에 재배되고 있다고 기록하였다. 《본초강목》에 의하면, 마늘은 한인(漢人)이 서역으로부터 들여왔고, 이것을 재래종인 소산(小蒜, 부추류)과 구별하여 대산(大蒜)이라 하였다는데, 우리나라에 전래된 시기는 알 수 없다고 하였다.

한반도 지역에서 발생한 나라들의 건국 신화는 단군 신화와 마찬가지로 천제(天帝)의 아들이거나 그 대리인으로 자처하였다. 우리 민족의 천신 숭배사상을 단적으로 보여주는 예이다. 건국 시조들은 제

사장의 지위와 군장의 지위를 한데 묶어 강력한 지도력을 갖추기 위하여 인간이 접근하기 어렵거나 이해되지 않는 존재를 군장과 일체화시킴으로 피지배자를 공동체로 일체화하는 데 이용하였다.

단군 신화와 같은 천손 신화는 동북아를 비롯하여 일본까지 이르는 유목민족의 신화로 알려졌다. 한편, 난생 신화는 동남아를 비롯한 농경국가의 신화로 우리나라에서도 박혁거세, 김알지, 석탈해왕의 탄생신화에도 그 예가 있다. 특히 박혁거세의 탄생 신화는 천손 신화와 난생 신화의 접점을 보여주는 가장 좋은 예이다. 유목민인 기마민족의 말이 하늘로부터 내려오고, 농경민족을 상징하는 난생이 우리나라의 남쪽에서 융합된 것으로 북방민족과 남방민족이 결합하여 국가를 형성하는 과정을 잘 나타내고 있다.

2. 외국의 신화와 민속의 마늘

마늘은 기원전 3200~2780년의 이집트 왕조시대에 양파와 함께 식용되었다고 당시의 분묘벽화에 기록되어 있다. 헤로도투스에 따르면 기원전 3733년에 완성된 카이로 서남쪽 큰 피라미드를 건설할 때 노동자의 식사에는 양파와 마늘이 항상 제공되었다. 피라미드를 완성시키기까지 20년이 걸렸고 매일 20만 명의 노동자가 일하였고 3개월마다 교체하였다고 하니 얼마나 많은 마늘이 재배되었는지 추측할 수 있고 마늘의 섭취는 전국으로 파급되었을 것이다.

아담과 하와가 죄를 짓고 타락한 후 이들을 타락하게 한 사탄이

에덴동산을 걸어 나올 때 그의 왼쪽 발을 밟은 곳에서 마늘이, 오른쪽 발이 닿은 곳에서는 양파가 나왔다는 이슬람교의 전설이 있다.

기원전 4세기경에 활약했던 알렉산더 대왕의 군대는 "마늘을 생식하여 연전연승하였다."라고 기록하고 있다. 백년전쟁을 일으켰던 예수교 교도와 이슬람교도간의 전쟁에서 예루살렘의 탈환전에 십자군의 일원으로 활약했던 로마군대는 매일 마늘 한 쪽씩을 먹고 용감해져서 전쟁을 승리로 이끌었다고 한다. 그러나 로마의 상류층에서는 마늘을 비속한 식물로 취급하여 경멸하였다.

전승되는 유럽 민속에 따르면 마늘은 흡혈귀를 쫓고 '악마의 눈'으로부터 보호해주며 임신부나 약혼녀를 공격하는 질투의 요정을 쫓게 한다고 하였다. 마늘은 최음력이 있다는 주장이 나이 먹은 사람들한테서 나오고 있는 것도 잊지 말아야 한다. 놀랍게도 마늘은 노동자층에서 먹는 비천한 식물로 배척하여 멀리하던 것이 20세기 초반까지의 모습이었다. 그러나 1940년경 마늘이 조미제로서뿐 아니라 요리의 중요한 재료가 될 수 있다고 받아들이면서 마늘에 대한 인식이 반전되었다.

고대 그리스 로마 사람들이 마늘을 많이 먹었다는 것은 버질(고대로마의 시인, B.C. 70~19년)의 전원시에서도 읽을 수 있다. 호레이스는 마늘이 독당근(hemlock)보다 독하다고 하였으며 마세나스(버질과 호레이스의 친구)의 집에서 식사 시 마늘을 먹은 후 아프게 된 원인과 관계있다고 하였다. 고대 그리스에서 마늘을 먹거나 취급한 사람들은 시벨레(스페인 마드리드)의 사원에 들어오지 못하게 하였다.

유럽 일부 지역에서 전해 내려오는 재미있는 속신으로는 달리기 경주에서 마늘 한 조각을 씹으면 경쟁자가 앞으로 달려 나가는 것을

막을 수 있다고 하였다. 또 헝가리의 경마 기수가 종종 마늘쪽을 말 재갈에다 매다는 풍습이 있는데, 가까이 다가온 다른 경쟁 말들이 그 고약한 냄새 때문에 뒤로 물러나게 된다는 것을 믿고 있었다.

아리스토파네스(Aristophanes, 고대 그리스의 최대 희극 시인)는 운동선수 나 전쟁에 나가는 군인들에게는 마늘이 용기를 북돋워 준다고 하였 다. 버질은 마늘을 수확하는 농부에게 힘을 준다고 하였으며 또 카 시우스(고대 로마 공화정 말기의 정치가)는 열병의 치료에도 마늘을 추천 하였다. 선지자 모하메드는 곤충에 물리거나 쏘인데 마늘이 통증을 완화시켜 줄 수 있다고 확신하였다. 더 나아가 어떤 사람들은 전갈이 나 독사에 물리는 것도 마늘을 가지고 다니거나 먹으면 예방이 가능 하다고 하였다.

신비의 세계에서는 마늘이 미지의 악으로부터 보호해준다는 오래 전부터 내려오는 전설이 있다. 마늘 뭉치를 둥글게 말아 문밖에 매달 아 놓으면 마녀를 쫓아낸다고 한다. 가족이 외출 시에도 마늘을 목 에 달고 다니면 여행 중 보호를 받게 된다고 믿었다.

발칸 국가 사이에선 마늘을 문틀이나 창틀에 문지르면 흡혈귀가 아주 싫어한다고 믿었다. 경주 말에 마늘을 매다는 것과 같이 소싸 움 시에도 목에 마늘을 매달면 상대 소의 뿔로부터 상처를 받지 않 게 보호한다고 믿었다. 마늘의 꿈은 큰 행운을 상징하는 것이지만, 마늘을 잃는 꿈은 행운이 달아난다는 뜻으로 생각하고 있다.

옛 텔루구 속담에 "Garlic is as good as ten mothers."라고 하여 마늘 의 가치를 매우 긍정적으로 표현하고 있고, 17세기의 한 작가는 "Our doctor is a clove of garlic."이라고 하여 마늘의 약리적 특성을 잘 말해

주고 있다. 카리브 연안 국가들 사이의 많은 민속 문화는 마늘을 종교적 의식과 점을 치는 데도 이용하였다. 윌리암 콜스는 수탉에 마늘을 먹이면 싸움을 잘하게 되고 말에 먹여도 같은 효과를 얻을 수 있다고 하였다.

히브리 사람들은 성서에서 자식을 많이 낳아 무한히 번창하라는 것을 마늘의 능력에 의지하였다. 그들은 마늘 섭취가 생식 능력을 증가시킨다고 믿었다. 《탈무드》에 따르면 금요일에 먹은 마늘은 5가지 특성을 가지고 있다고 하였다. 왜 금요일이었을까? 여인들은 종교 행사로 금요일에 목욕을 하면 남자들은 그녀들의 동의하에 동침하게 된다. 생식력을 증가시킨다는 마늘의 효능은 단지 민속이나 의례적인 흥밋거리만은 아니었다. 마늘에는 유리 아미노산이 많이 들어 있는데 그중에 아르기닌이 매우 많다. 아르기닌은 일산화질소(nitric oxide)의 생성과 관련 있는데 일산화질소는 남성 성기로 가는 혈류를 조절하여 이 물질이 없으면 발기가 불가능하다.

그리스 조산원은 출산실을 마늘통으로 장식하였다. 신생아가 질병, 악마, 마녀, 악령은 물론 뱀과 같은 사악한 것으로부터 그 냄새에 의하여 보호받도록 하기 위함이다. 19세기 초에 꽃말로서 서로의 뜻을 전하는 것이 유행되었던 적이 있다. 예를 들어 한 여인에게 하얀 백합을 보냈다면 "당신은 순결의 상징처럼 순결합니다."라는 뜻을 그 여인에게 전하는 것이다. 같은 백합과의 하나이지만 마늘 꽃을 보냈다면 "내가 당신에 대하여 느끼는 것은 전혀 무관심이다."라는 메시지를 뜻한다.

마늘이 흡혈귀를 쫓는다는 것은 대부분의 사람이 알고 있는 전설

이지만, 그 내용에 대하여 설명을 들어보면 포르피린증(porphyria)은 중부 유럽 특히 루마니아의 특수 지역에서 발견되는 유전 질환이다. 포르피린증의 유전적 소인을 가진 사람은 철분을 혈액의 헤모글로빈 형태로 흡수하여야 한다. 그들은 햇빛을 피해야 할 뿐 아니라 강한 실내 빛도 피해야 하는데 그렇지 않으면 피부가 발적하고 독소를 만들어 질병을 앓게 된다고 한다. 그들은 특별히 많은 털에 긴 치아, 매우 밝은 피부를 갖는다. 특히 중요한 것은 디알릴 설피드(diallyl sulfides)가 그들의 질병 증세를 악화시키는데 마늘이 디알릴 설피드를 다량 함유하고 있다. 이런 유전적 질환을 가진 사람은 보기에 흡혈귀처럼 보이고 실제 마늘을 기피하기 때문인 것으로 유래되었다고 추측할 수 있다.

죽음을 가져오고 잠자는 사람의 피를 빨아먹는 공포의 생물, 흡혈귀는 예부터 사람들을 전율케 하고 있다. 영국의 소설가 스토크는 1897년 《드라큘라》라는 소설을 발행하여 슬라비아 전설을 인기 있는 문화로 바꾸어 놓았다. 1931년 드라큘라에 관련된 영화를 만들기 시작하여 여러 편의 영화가 만들어져 전설이 살아 있도록 기여하였다. 결과적으로 거의 모든 사람들은 흡혈귀를 쫓는데 마늘이 큰 역할을 한다고 믿게 되었다.

마늘이 악마를 쫓아낼 수 있다는 생각은 16세기 트랜스실바니아에서 유래되었다고 생각한다. 그러나 이미 노아의 시대에도 알려져 인류 최초의 약용식물로 기록하고 있다. 기원전 100년경에 쓴 사해본의 하나인 《요벨서(Book of Jubilles)》는 향미식물에 의하여 악령을 퇴치하는 법을 천사들이 노아에게 알려주는 구절이 나오며, 노아가 그의 자식들에게 알려주는 기록도 있다.

여기에서 명백히 알 수 있는 것은 악마와 질병과의 관계는 악마가 질병을 일으키고 식물에 의하여 질병이 치유될 수 있다는 것이다. 기원전 500~400년경까지 살았던 베로수스라 하는 칼데아 역사학자도 악마를 쫓는 가장 좋은 식물은 마늘, 양파, 쑥과 같은 불쾌한 풍미를 갖는 것들이라 하였다.

캠벨 톰슨도 설형문자로 된 글을 해석하여 악마의 영향으로부터 벗어나기 위하여 마늘을 사용하는 것이 고대 메소포타미아에서 널리 쓰이고 있다고 하였다. 저명한 앗시리아 학자인 톰슨은 점토판 해석에서 메소포타미아의 초기 거주자들은 보이지 않고 원하지 않는 악령을 쫓아버리고자 마늘이나 유독한 식물을 그들의 거주지에 매달았다고 한다. 앗시리아인들은 집안으로 악마가 들어오지 못하도록 문 가까이 여러 식물을 걸어두기도 하였다. 많은 구시대 문화권에서는 악령에 의하여 일어난 질병을 쫓는 데는 마늘과 양파가 특별한 능력을 가지고 있기 때문에 이 식물들을 먹거나 집안에서 다양하게 이용하였다.

이집트에서 노예 생활을 하던 이스라엘 사람들을 생각해보자. 여호와는 처음 난 모든 것을 무서운 질병으로 죽이겠다고 하면서 모세에게 이르길 이스라엘 사람들이 사는 집 문지방에 양의 피를 바르고, 쓴 나물과 함께 구운 고기를 먹도록 명하였다. 아마 이것이 그들을 보호하는 방편이었던 것으로 보인다. 여기에 쓴 풀에는 마늘과 양파도 포함될 것으로 생각한다.

현대의 과학적인 사고로는 터무니없는 생각이라고 무시할 수 있으나 의학의 과학적 근거가 세균이나 바이러스에 의하여 질병이 전파된다는

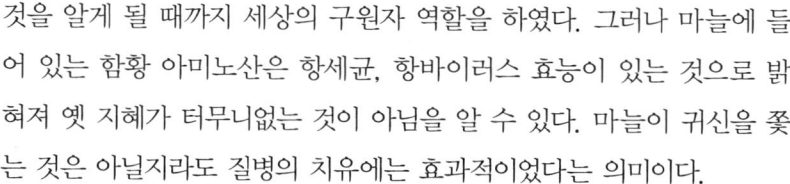
것을 알게 될 때까지 세상의 구원자 역할을 하였다. 그러나 마늘에 들어 있는 함황 아미노산은 항세균, 항바이러스 효능이 있는 것으로 밝혀져 옛 지혜가 터무니없는 것이 아님을 알 수 있다. 마늘이 귀신을 쫓는 것은 아닐지라도 질병의 치유에는 효과적이었다는 의미이다.

마늘의 기원에 관한 인도의 전설은 아름다움과 빛의 신인 데바가 악마 아수라와 다투던 전설 시대로 돌아간다. 처음에 데바와 아수라는 잠시 휴전하고 함께 대양에 나가 물을 휘저었다. 이렇게 휘저어서 태양과 달이 나왔고 불로장생의 약이 만들어졌다. 악마의 왕 라후는 만병통치약이 든 수정 꽃병을 가지고 도망갔다. 비쉬누 신이 그를 쫓아가 그의 목을 자르자 목으로부터 약방울이 땅에 떨어져서 마늘이 생겼다고 한다. 만병통치약으로부터 만들어진 식물인 마늘이 만병에 효과가 있다는 것을 암시하는 것으로 몹시 귀하게 쓰인다는 뜻이다.

마늘에 관한 전설로 중국 초대 왕조(B.C. 2205~1766년)인 하 왕조시대의 것이 있다. 황제가 그의 신료들과 산간을 여행하고 있을 때 그의 신하 중의 하나가 독성이 있는 들풀의 잎을 먹고 거의 사경을 헤매고 있었다. 다행히도 야생 마늘이 근처에 자라고 있어 이 마늘을 먹고 생명을 구하였다고 한다. 이런 극적인 사건 후 황제는 이 야생마늘을 경작토록 지시하였다는 전설이 있다.

성 요한 이브(Saint John's Eve, 6월 23일)에 마늘을 요리하여 다음 날 먹으면 1년 내내 나쁜 일이 일어나지 않게 되리라는 믿음도 있다. 이탈리아에서는 가난도 벗어날 수 있다는 믿음을 가지고 있다. 중동의 한 지역에서는 신랑이 그의 예복에 마늘을 넣어두면 결혼식 날 밤을 행복하게 지낼 수 있다고 믿고 있다.

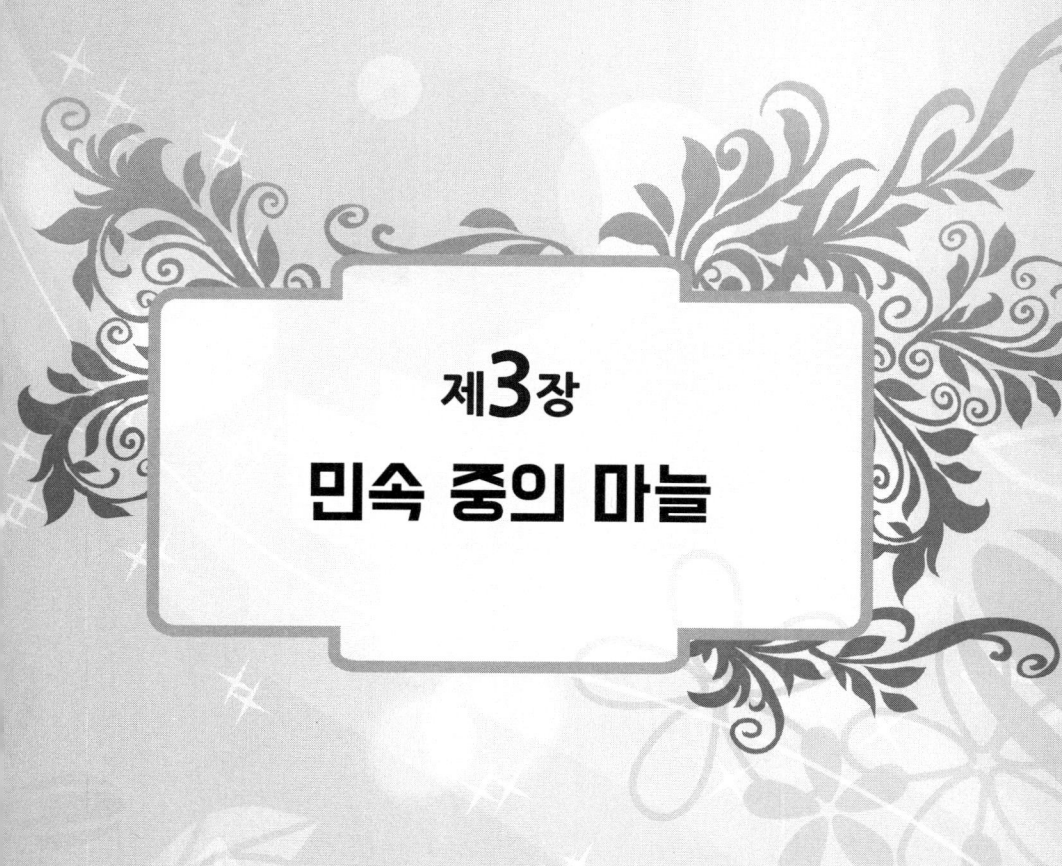

제3장

민속 중의 마늘

제3장 민속 중의 마늘

1. 마늘의 주술적 혹은 민속적 이용

　예로부터 우리나라는 마늘이 쑥과 함께 벽사(辟邪)의 역할을 한다고 믿어 왔다. 마늘의 강한 냄새에 나쁜 귀신이나 액(厄)을 쫓는 힘이 있다고 생각하였다. 우리의 선조들이 캄캄한 밤에 길을 떠나며 마늘을 먹었는데, 마늘 트림을 하면 귀신이 물러가고 호랑이도 도망간다고 믿었다. 마늘은 불행이 닥쳐올 흉조를 상징하기도 하는데 다음과 같은 말이 예부터 전해오고 있다.

- 마늘을 뜰 안에 심으면 해롭다.
- 마늘 껍질을 태우면 집이 가난해진다.
- 남에게 마늘을 줄 때 한 개만 주면 나쁘다.
- 마늘이나 파뿌리를 아궁이에 넣으면 부스럼이 생긴다.

　마늘의 냄새 때문에 생긴 금기어로 그 냄새로 벽사의 관념도 생겼지만 생활 중에 너무 가까이하는 데 대한 경고로 받아들일 수 있다. 콜레라, 천연두, 말라리아 등 유행병이 번질 때 홀수의 깐 마늘쪽을 실에 꿰어 문기둥이나 창가에 걸어두면 병에 걸리지 않는다는 민속

이 있다. 모든 병이 병귀(病鬼)의 작용으로 알았던 민초들은 고약한 마늘 냄새와 매서운 맛이 병귀의 징조를 차단할 수 있다고 생각하였다. 과학적으로 항균력이 증명된 것을 보면 민속에서 상징적으로 이용한 것이 실제로 효과를 얻을 수도 있다는 것을 말해준다. 4월 초파일에 마늘을 먹어서는 안 되는 금기일로 모든 음식에 마늘 양념을 안 하는 습속이 있다. 초파일은 부처님이 오신 날로 금욕을 본으로 삼는 불가나 절에서 자극제인 마늘을 먹지 않는 것을 감안할 때 성스러운 날을 지키겠다는 종교적 배려로 생각된다.

다음은 우리나라에서 각 지역마다 민속신앙으로 또 세시풍속으로 전해 오는 행사나 전통의례 중 마늘이 작은 부분이라도 관여하는 것을 정리해 보았다.

1) 상식상(上食床)

김칫국, 숭늉, 경단, 찐 달걀, 연근, 단무지, 마늘장아찌, 오이지, 전, 문어, 북어, 꼬막, 굴젓, 밤, 대추(2002년 12월 7일 서울 새남굿 전승행사에서의 상식상 조사 사례)가 올리기도 한다. 일상식 상차림에 국수, 꼬막, 밤, 대추, 북어, 문어, 경단 등과 같은 제사 음식이 추가된 형태이다. 밥을 올리지 않는 경우는 국수가 그 역할을 대신한다. 이는 망자의 사망 시기가 오래되었음을 알려 주는 척도가 되기도 한다.

2) 개구리 알 먹기

눈도 맑아지고, 머리도 총명해진다고 하여 아침에 남몰래 먹기도 한다. 여름에는 더위를 타지 않게 하는데, 특히 다리에 땀이 나지 않는다고 하며, 감기에도 걸리지 않고, 홍진(紅疹)이나 기침에도 좋다고 한다. 개구리 알, 도롱뇽 알, 빨간 개구리 알 등을 먹을 때에는 비릿한 냄새가 나므로 이를 해소하기 위해 소주와 함께 마시거나, 콩고물에 묻혀 먹거나 간장이나 마늘과 함께 먹는다. 역한 느낌 때문에 여자보다는 남자들이 즐겨 먹는데, 남자가 먹으면 양기(陽氣)를 돋을 수 있다고도 한다. 봄의 힘찬 기운을 양기로 해석하기 때문이다.

3) 애호(艾蒿)

사람들은 도둑이 싫어하는 쑥, 마늘, 창포 같은 강한 향기를 내는 식물들을 대문에 걸거나 한쪽에 다발을 세워 접근을 막았다. 이처럼 쑥은 강한 살균력과 독한 향기를 가지고 있어 정화하는데 많이 쓰인다. 한편, 범은 잡귀를 쫓는 벽사물로 자주 등장한다. 새해를 맞아 각 가정에서는 범과 용의 그림을 문이나 벽에 붙인다. 이와 같은 풍속은 《동국세시기》에도 기록되어 있다. 호랑이 그림을 문에 그리는 풍속은 중국 춘추시대 때 이미 나타난 것으로 보아 역사가 오래되었음을 알 수 있다.

4) 삼칠일

삼칠일은 3·7일로도 표기한다. 날짜로는 21일에 해당하지만 7일을 3번 거듭하는 기간이라는 데 초점이 있다. 이에 따라 삼칠일의 의미를 찾기 위해서는 3과 7이라는 수 관념을 먼저 이해하는 것이 중요하다.

숫자 7은 북두칠성에 대한 인식과 밀접하게 관련된 것으로 보인다. 하늘이 인간의 운명을 좌우한다고 믿었던 고대인들은 1년 어느 때라

도 볼 수 있는 북두칠성이 곧 하늘을 상징하는 것으로 여기고 섬기면서 점차 칠성신앙(七星信仰)으로 발전하였다. 또한, 망원경이 나오기 전까지 인간은 하늘의 별과 지구를 제외한 해·달·수성·금성·화성·목성·토성이라는 7개의 '천체'가 있다고 보아 이를 주일의 기준으로 삼고 각 천체의 이름을 대입하였다.

숫자 3은 예부터 한자 문화권에서 길수(吉數)·신성수(神聖數)라 하여 최상의 수로 여겨 왔다. 3은 최초의 양수인 1과 최초의 음수인 2가 결합하여 생겨난 변화 수로서 음양의 조화가 완벽하게 이루어진 수이다. 짝수인 2처럼 둘로 갈라지지 않고 원수(原數)인 1의 신성함을 파괴하지 않은 채 변화하여 '완성된 하나'라는 상징을 지니고 있는 것이다. 따라서 근원적인 구조와 신성함을 드러낼 때 숫자 3은 어김없이 등장하게 된다. 예컨대 세계를 이루는 구성 요소는 천·지·인 3재(三才)이고, 시간과 공간에 따라 과거·현재·미래 또는 천계(天界)·지계(地界)·명계(冥界)의 삼계(三界)로 구분된다. 또한, 우리나라의 시조신인 환인(桓因)·환웅(桓雄)·단군(檀君)이 셋이면서 하나로 일체를 이룬다는 삼일신(三一神)적 인식은 인간 필연의 종교의식을 담고 있으며, 불교에서도 불·법·승의 삼보(三寶)가 모일 때 비로소 불교가 성립된다고 보고 있는 것이다. 이밖에도 숫자 3으로 표현되는 상징성과 문화 양상은 사상에서 속신에 이르기까지 광범위한 기반을 형성하고 있다.

단군신화에 햇빛을 보지 않고 쑥과 마늘만 먹으며 백 일간 인내하면(百日忌) 사람이 될 수 있다고 일러주었다. 이에 둘은 굴속에 들어갔으나 호랑이는 참지 못하고 중도에 뛰쳐나오지만 곰은 백 일이 채 되기 전인 삼칠일 만에 여자의 몸을 받아 웅녀(熊女)가 되었고, 잠시 사

람으로 변한 환웅이 웅녀와 혼인하여 아들 단군을 낳게 되었다는 것
이다. 이처럼 단군에 언급된 삼칠일이 금기의 신성 기간으로 주술·종
교적 의미를 지니고 있듯이, 민간에서는 출산과 같이 중요한 일이 발
생할 때 삼칠일을 지키는 것은 오랜 관습이라고 할 수 있다.

5) 대전 무수동 산신제

제물은 돼지머리, 삼색실과, 포, 삼탕, 메밀묵, 떡, 메, 나물, 술,
식혜, 정화수, 불밝이쌀 등이다. 제수는 유사의 부인이 시장에서 구
입하며, 이때 절대로 값을 깎거나 흥정을 벌이지 않는다. 또한, 시장
을 오가는 중에 초상집, 상여, 출산 등과 같은 부정한 것이 눈에 띄
지 않도록 조심한다. 음식을 만들 때에도 미리 맛을 보거나 고춧가
루, 마늘, 조미료 따위의 양념을 넣지 않는다. 조리에 사용할 물은
밤 12시가 지난 뒤 정갈하게 고인 정화수를 떠온다.

대전 무수동 산신제

6) 서낭제

도가[제주(祭主)] 집에서 제수를 조리할 때에는 고춧가루와 마늘을 사용하지 않는 대신 깨소금을 사용하되 간도 보지 못한다. 제의 날 밤 도가 또는 제주와 제관들은 목욕재계하고 정갈한 옷을 갈아입은 뒤 제수를 지게에 지고 서낭당에 간다. 서낭당에 도착하면 먼저 금줄을 걷고 들어가 제수를 진설하고 주로 유교식으로 제의를 올린다. 여자는 일절 참여할 수 없다.

7) 조군영적지(竈君靈蹟誌)

종이를 불태우고 몹쓸 말로 사람을 꾸짖고 욕하면 안 된다. 생강, 파, 마늘 등을 썰어도 안 된다. 닭털과 짐승의 뼈를 태우지 않는다. 더러운(부정한) 나무로 취사를 하거나 아궁이 불로 향을 피우면 안 된다. 아궁이 불에 신발이나 의복을 말려서는 안 되고, 발로 부엌문을 밟으면 안 된다. 부뚜막 위에는 칼과 도끼 등을 올려놓으면 안 된다. 부엌을 향해 비를 쓸지 않고, 소와 개고기 등을 먹으면 안 된다. 조왕신 앞에서 벗은 몸으로 몹쓸 말을 하는 등 실례되는 행동을 하지 말아야 한다.

8) 완도 장좌리 당제(莞島長佐里堂祭)

청해진이 설치된 장섬은 장좌리 주민들이 고구마를 캐고 마늘을 심던 밭이었다. 한 바퀴를 도는데 30분도 채 걸리지 않는 작은 섬인데, 정상에 후박나무와 동백숲이 우거졌을 뿐이다. 장좌리 제당은 장섬의 당집과 마을 안 당나무의 이중 구조로 되어 있다.

1984년에 초가집을 기와집으로 바꾸었다. 1991년부터 2001년까지 청해진 관련 발굴조사와 복원이 이루어졌다.

완도 장좌리 당제

9) 등노래굿

동해안 지역의 별신굿과 강릉단오굿·오구굿 등에서 행해지는 제차의 하나로 등노래굿은 '등굿' 또는 '등놀이'라고도 한다. 대나무와 색종이를 사용하여 약 1.5m 크기로 만든 탑등(塔燈)을 무녀 여러 명이 번갈아 들고 돌리면서 〈등노래〉를 부르며 춤추는 굿이다.

강릉 단오굿에서는 굿청에 달아놓았던 호개등을 떼어 내려 가지고 등노래굿을 한다. 이 등은 갑인년 사월 초여드렛날에 석가여래가 하늘에서 타고 내려온 관등을 상징하며, 무녀들은 대관령 국사성황(大關嶺國師城隍)이 바로 이 호개등을 타고 단오 때 내려왔다가 굿이 끝나면 다시 타고 올라간다고 믿고 있다.

등노래굿에서 무녀는 등을 들고 춤추다가 등 속에 들어가기도 하고 덮어쓰기도 하며, 굿을 주관하는 집사들에게 한 번씩 씌우기도 한다. 이러한 행위는 공중에 달려 있던 복을 내려서 나누어준다는 의미가 있는 것으로 해석한다. 등노래굿을 하는 무녀는 특히 목청이 좋고 춤을 잘 추는 등 예능이 뛰어나야 하는데, 〈등노래〉의 가사는 다음과 같다.

얼러럴 상사뒤야
얼룰덜룽아 호랑등은
만첩청산을 어디다가 두고
저리공중 매달렸나
얼숭덜숭 영등아
구주섬상강을 어디다가 두고
저리공중 매달렸나
쪼갈쪼갈아 마늘등아
부잣집 채전밭을 어디다가 두고
저리공중 매달렸나 ……

굿이 끝나면 등은 태운다. 등노래굿은 꽃을 들고 춤추는 '꽃노래굿', 종이로 만든 배(용선)를 들고 춤추는 '뱃노래굿'과 함께 '거리굿' 직전인 굿의 마지막에 행한다. 특히 이 굿은 춤과 노래가 어우러져 예술적인 미가 돋보이는 굿이다.

제4장
세시풍속과 마늘

제4장 세시풍속과 마늘

1. 세시풍속 음식과 마늘

세시풍속은 음력의 월별 24절기와 명절로 구분되어 있으며 집단적 또는 공통적으로 집집마다 촌락마다 또는 민족적으로 관행(慣行)에 따라 전승되는 의식, 의례행사와 놀이이다.

오늘날 행하여지고 있는 세시풍속은 예로부터 정해진 것은 아니며, 또 옛 문헌에 보이는 것 중에는 이름만 남아 있고, 현재 일반적으로 행하지 않는 것도 많이 있다. 한(韓)민족에 의하여 발생되고 전승되어 오는 고유(固有)의 것도 많이 있지만 크리스마스처럼 외국과의 문화 교류를 통하여 전래된 것도 있고, 또 이 외래의 것도 시대의 변천에 따라 한(韓)민족의 색채가 가미되어 있는 것도 많다. 지금은 설과 추석만 남았고 이마저도 의미가 많이 변질되고 약화되었다. 세시풍속은 본래 휴식, 오락·축제, 종교 의식, 공동체 의식이라는 기능을 수행해 왔지만 지금은 오직 휴식 기능만 두드러지게 남아 '노는 날'로 인식되고 있다.

세시풍속은 대체로 농경문화를 반영하고 있어 농경의례라고도 한다. 여기에는 명절, 24절후(節侯) 등이 포함되어 있고 이에 따른 의례

와 놀이 등 다양한 내용을 담고 있다. 농경을 주 생업으로 하던 전통 사회에서는 놀이도 오락성이 주를 이루는 것이 아니라 풍농을 예측하거나 기원하는 의례였다. 그래서 세시풍속을 세시의례(歲時儀禮)라고도 하는데 오늘날에는 세속화되고 탈제의화(脫祭儀化)하여 의례로 행해지는 것이 구별되기도 한다. 세시풍속 가운데 가장 중요한 날은 '수확'과 관련됐다. 한반도에는 수확과 관련해서 다모작을 하는 충청·전라 지역에는 추석을 중시하는 추석 문화권, 단모작을 하는 북쪽에서는 단오의 전통이 강한 단오 문화권, 두 풍속이 모두 강한 중간 지역인 경상·강원 지역에서는 추석·단오권으로 나누기도 한다. 이와 같이 농경문화의 영향으로 세시풍속은 기다림과 절제, 감사, 끊고 맺음의 가르침도 주었다.

세시풍속의 기준이 되는 역법(曆法)은 음력이지만 양력이 전혀 배제된 것이 아니다. 우리가 보편적으로 말하는 음력은 태음태양력(Lunisolar Calender)의 약자로서 음력이 중심을 이루되 양력도 가미된 것이다. 24절후는 양력 날짜로 고정되어 있는데 이는 태양력을 바탕으로 하기 때문이다. 따라서 음력으로는 해마다 날짜가 달라진다. 가령 24절후이자 세시명절이기도 한 동지의 경우 양력 12월 22일에 들지만 음력으로는 동짓달 초순, 중순, 하순 등 해마다 달리 든다.

세시풍속은 대체로 1년을 주기로 반복되는데 예외도 있다. 가령 윤년(閏年)이 드는 해에 행하는 세시풍속이 있고, 3년, 5년, 또는 10년 단위로 행해지는 별신제도 세시풍속의 범주에 속한다.

세시풍속을 세시(歲時)·세사(歲事)·월령(月令)·시령(時令)이라고도 하는데 이는 모두 시계성(時季性)을 강조한 것이다. 그런데 세시풍속은

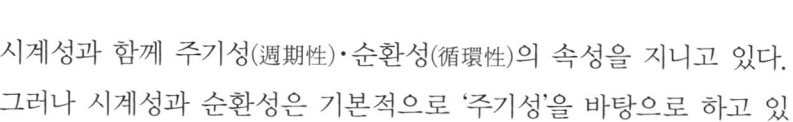

시계성과 함께 주기성(週期性)·순환성(循環性)의 속성을 지니고 있다. 그러나 시계성과 순환성은 기본적으로 '주기성'을 바탕으로 하고 있어 세시풍속은 주기성을 중심축으로 같은 행사가 반복되는 것이다.

세시풍속은 명절 또는 그에 버금가는 날 행해진다. 전통사회에서 명절은 신성한 날, 곧 의례를 행하는 날로 특별한 의미를 부여했다. 일본에서는 세시풍속을 연중행사(年中行事)라고 한다. 우리나라에서도 종종 이런 표현을 하는데 이 용어는 피하는 것이 바람직하다. 우리의 경우 연중행사라 하면 연중에 행해지는 모든 행사를 망라한다. 세시풍속이 춘하추동(春夏秋冬) 계절에 적절하게 행해지고 있으므로 계절제(季節祭)라고도 한다. 따라서 연중행사와는 구별해야 한다.

전통사회에서 명절이라면 세시명절을 일컬었다. 그런데 오늘날에는 명절의 개념이 확대되어 세시풍속과 관련된 날은 세시명절이라는 용어로 구별할 필요마저 생겼다. 《고려사》에는 속절(俗節)로 나타나는데 이는 명절과 같은 의미이다.

1) 세찬

설날에 차례상과 세배 손님 대접을 위해 준비하는 여러 가지 음식, 설날 전에 어른들께 귀한 음식을 보내는 일, 어른들이 아랫사람들에게 보내는 먹을 것들을 이르기도 한다.

옛날에는 연말이 되면 조정에서 대신이나 종척(宗戚)·각신(閣臣)에게 쌀, 고기, 생선, 소금 등을 하사하였고, 사대부나 종가에서는 어려운 일가에게 쌀, 고기, 어물 등을 보내어 설을 쇨 음식을 장만하게 하였다. 이러한 세수 사물의 풍속은 신라 때부터 있었다.

세찬에는 떡국·만둣국·세주(歲酒)·족편·편육·전유어·빈대떡·강정·산자·빙사과·약과·매작과·만두과·다식·정과·엿강정·식혜·수정과·떡산적·갈비찜·겨자채·햇김치(나박김치·장김치·햇깍두기) 등 여러 가지 음식들이 있다. 세찬 준비는 가세에 따라 가짓수와 양이 다르지만 정성을 다해 만들며 어느 집에서나 만드는 공통 음식은 떡국이다. 웃어른께 보내는 음식이나 어른이 아랫사람에게 보내는 종류는 여러 가지가 있으나 대표적인 것은 쌀·술·담배·어물(魚物)·고기류·꿩·달걀·곶감·김 등이었다.

설 차례의 제수(祭需)에는 고추와 마늘 같은 자극성 있는 양념도 피한다. 조리를 할 때는 몸과 마음을 깨끗이 하고 정결하게 조리한다. 제사를 지내기 전에는 제상에 올릴 제수를 먹어서는 안 된다. 차례의 제수는 기제사의 상차림과 같으나 몇 가지 점에서 다르다. 오늘날에도 많이 사용되는 제수는 반(飯, 밥), 갱(羹, 국), 면(麵, 국수), 편(䭏, 떡), 편청(䭏淸, 조청·꿀), 탕(湯, 찌개), 전(煎, 부침개), 적(炙, 구이), 포(脯, 말린 고기), 해(醢, 젓갈), 혜(醯, 음료), 숙채(熟菜, 익힌 나물), 침채(沈菜, 나박김치류) 등을 올린다.

다른 나라의 설 풍습

설이 언제인가는 그 나라에서 사용하는 일상력이 기준이 된다. 우리나라에서는 1896년 1월 1일부터 일상력으로 태양력을 사용하고 있지만 전통사회에서는 음력으로 일컬어지는 태음태양력을 사용했다. 따라서 설날은 태음태양력에 의한 정월 초하루였다. 이는 중국과 일본도 마찬가지였는데, 이들 나라 역시 오늘날에는 모두 그레고리력인 태양력을 일상력으로 받아들이고 있다. 일본에서는 1872년에 태양력을 채용했으며, 대만의 경우 손문(孫文)의 중화민국 임시정부 건립 때인 1912년 태양력이 채택되었다. 중화인민공화국은 1941년, 동양 삼국 가운데 가장 늦게 태양력을 받아들였다.

하지만 음력에 의한 설명절은 아직도 중요시되고 있다. 중국에서는 1월 1일부터 5일을 춘절(春節)이라 하여 명절로 보낸다. 설음식으로는 만두를 먹는데 온 가족이 모여 함께 빚어 먹으며 명절을 즐긴다. 또 우리처럼 제사를 지내고 신년 인사를 하며 폭죽놀이 등을 즐기기도 한다. 중국에서도 설날과 추석 무렵이면 대대적인 민족 대이동이 일고 있다고 한다.

일본에서는 음력의 날짜를 그대로 양력으로 사용, 양력 1월 1일은 국민의 축일(祝日)이라는 이름으로 명절화 되었다. 1일에는 이른 아침부터 신사참배를 하는데 이를 초예(初詣, 하츠모데, 정월의 첫 참배라는 뜻)라고 한다. 그리고 정초 약 3일간은 친구, 직장인들 사이에서 신년 인사를 다니기도 한다. 상인들은 서로 덕담을 주고받고 문송(門松, 가도마츠, 새해 문 앞에 세우는 장식 소나무)을 비롯한 각종 신년 장식물이 차려진다. 2일에는 황거일반참하(皇居一般參賀)라 해서 궁성이 공개되고 천황이 발

코니에 나와서 인사를 받는다. 이 밖에 동양적 색채와 유럽적 색채가 동시에 존재하는 러시아에서는 새해가 되면 '윗가(vodka, 보드카)'라는 술을 마시면서 한 해의 안녕을 기원한다.

프랑스에서는 지금의 그레고리력을 사용하기 전에는 세수가 4월 1일이었다. 1567년 국왕 샤를르 9세 때 세수를 1월 1일로 옮겨 오늘날에 이르렀다. 설날에는 에트렌느(Etrenne, 길조의 선물)라는 선물을 교환하며 덕담을 나눈다. 아이들은 마을을 돌아다니면서 선물을 요구한다. 덕담은 "좋은 한 해를"이라고 하는 것이 보편적이며 친척이나 이웃에게 덕담을 하러 가는 어린 소녀들은 "제가 아무리 작아도 다리 밑으로 지나왔어요. 서리가 내리고 추워도 새해 인사드리러 왔어요. 어서 주머니에 손을 넣어 동전을 꺼내서 주세요."라고 한다.

오랜 농경국이었던 프랑스에서는 지역마다 다양한 설 풍속이 있는데, 마자르그에서는 설날 새벽에 날씨가 맑으면 과일 풍년이 든다고 한다. 알프스 저지대에서는 주부들이 설날 아침 일찍 샘물을 길어온다. 맨 먼저 샘에 도착한 주부는 빵이나 치즈 같은 자기가 맨 먼저 만든 것을 우물가에 갖다 놓는다. 그다음에 온 여자는 이 헌물을 자기 집으로 가져가고 그 대신에 자기네 것을 갖다 놓는다. 우리나라의 대보름 풍속인 용알 뜨기와 매우 유사하다. 시푸르 지역에서는 젊은 부부가 조부모에게 세배를 하러 간다. 리애스 지역에서는 대소가의 친척들을 나이 순서에 따라 방문하고 서로 껴안고 덕담을 나눈다. 아이들에게는 형편에 따라 1프랑이나 2프랑 또는 5프랑짜리 동전을 세뱃돈으로 준다.

인도에서는 설날에 온 가족이 마당에 모여 냄비에 우유와 쌀을 넣고 죽을 끓인다. 죽을 끓이면서 한 해의 길흉을 점치는데, 죽이 잘 끓지 않거나 냄비가 깨지면 불행이 닥친다고 한다. 죽이 잘 끓으면 행운

이 온다고 믿는데 이 죽을 무화과잎에 싸서 친지들에게 선물한다.

베트남에서는 설날 전에 수박을 준비했다가 설날에 손님들이 모이면 수박의 가운데를 가른다. 가른 수박 가운데 빨갛게 익은 정도를 보고 한 해의 길흉을 점친다. 그리고 가족들이 모였을 때 녹두와 돼지고기를 넣은 찹쌀떡인 '바인 쯩'을 바나나잎에 싸두었다가 손님들한테 대접한다.

우리나라에서 음력 설날을 명절로 맞이하듯이 이스라엘은 유대 달력에 따라 양력 9월에 설날을 맞는다. '로쉬 하사나'로 불리는 설날에 서로 덕담을 하면서 꿀에 담근 사과나 대추를 먹는다. 헝가리에서는 설날 점심때 콩을 넣은 음식을 먹으면서 부자가 되기를 기원한다.

멕시코에서는 1월 1일이 되는 시점인 자정에 시계탑 종이 열두 번 울리는 것에 맞추어 포도알 열두 개를 먹으며 새해 12개월 동안의 소원을 빈다.

이란에서는 시르(마늘)·세르케(식초)·십(사과) 등 이란어로 '시'로 시작하는 7가지 재료를 이용해 음식을 만든다. 이 음식은 풍요와 건강·행복 등을 상징한다고 한다.

2) 입춘 음식

24절기 중 첫 번째인 입춘(立春)은 농업의 시발점으로 봄이 시작되는 것을 알려 주며 겨우내 움츠려 있던 몸과 마음에 새로운 기운을 돋워 준다. 입춘은 양력으로는 2월 초이며, 음력으로는 대개 정월 즈음이라 새해를 상징하기도 한다. 입춘에 먹는 시식으로는 다섯 가지 매운맛 나는 나물로 만든 오신채(五辛菜)가 있다. 입춘이면 궁중에서는 입춘오신반(立春五辛盤)을 진상하고 민가에서도 서로 선물로 주고받았다.

'오신반(五辛盤)'으로 불리기도 한 '오신채'는 '오훈채(五葷菜)'라고도 불리는데 자극성이 강하고 매운맛이 나는 채소를 가지고 만든 나물을 뜻한다. 시대와 지역에 따라 나물의 종류가 다르지만 파, 마늘, 자총이(파의 한 가지로 땅속줄기는 보통 파보다 훨씬 매움), 달래, 평지(유채 : 겨자과의 이년초), 부추, 무릇, 미나리의 새로 돋아난 싹이나 새순 등 8가지 나물 중에서 색을 맞춰 다섯 가지를 골라 나물을 무쳤다. 노란색 나물을 중앙에 놓고 주위에 청, 백, 적, 흑의 나물을 담았는데, 여기에는 임금을 중심으로 하여 사색당쟁을 초월하여 하나로 뭉치는 정치 화합의 의미가 담겨 있다고 한다. 또한, 임금님이 오신채를 진상받아 중신(重臣)들에게 하사하기도 하였는데 화합을 바라는 임금님의 마음을 엿볼 수 있다.

《경도잡지(京都雜志)》 '세시편'에 "경기도 골짜기의 여섯 읍에서는 움파, 산갓(山芥), 승검초를 진상한다. 산개는 초봄 눈이 녹을 무렵 산에서 자생하는 겨자이다. 끓는 물에 데쳐 초장으로 조미하면 맛이 대단히 매워서 고기를 먹은 후에 먹으면 좋다. 승검초는 움에서 기른 당귀이다. 깨끗하기가 마치 은비녀 다리와 같은데, 꿀에 찍어 먹으면 매우 좋다."라고 하였다. 여기서 경기도의 여섯 읍은 지금의 양근·지평·포천·가평·삭녕·연천을 말한다.

《동국세시기(東國歲時記)》(1849) '척유편'에 "동진(東晋) 사람 이악이 입춘 날에 무와 미나리로 채반(菜盤)을 만들게 하여 서로 선물하였다."라고 하였고, '척언(撫言)'에서는 "안정군왕(安定郡王)이 입춘 날에 오신채로 채반을 차렸다."라고 했다. 서민들도 입춘이 되면 으레 오신채를 먹었는데, 이때 오색이 상징하는 것은 정치적 화합의 의미가 아니라, 사람이 갖추어야 할 다섯 가지 도리인 인(仁 : 靑), 예(禮 : 赤), 신(信 : 黃), 의(義 : 白), 지(志 : 黑)의 덕목을 말한다.

3) 총아·산개·승검초 진상

총아·산개·승검초는 쌓인 피로와 독소를 풀어주고 신진대사를 촉진시키는 약리적 기능도 갖고 있다. 곧 겨우내 신선한 채소를 섭취하지 못하고, 입맛도 잃기 쉬운 이른 봄에 산에서 캐낸 세시 음식의 재료인 것이다. 먹는 방법은 《경도잡지》에 실려 있듯이 산개(芥子)는 눈 녹을 때 캐어 더운 물에 데쳐 초장에 무친 다음 고

승검초

기 먹은 뒤에 먹었고, 승검초는 꿀을 발라 먹었다. 또 궁궐에서는 오신반(五辛盤)이라 하여 파·마늘·달래·무릇·부추 등과 함께 이들 식물을 넣고 겨자와 함께 무쳐 수라상에도 올렸다고 한다.

4) 파래 채취

파래는 종류에 따라 생육 시기가 다른데 보통 늦가을에서 초여름

까지 자라며, 특히 감태와 매생이는 12월부터 2월까지 채취한다. 이 시기를 넘어서면 파래가 억세어지고 색이 변해 맛이 없다.

파래와 관련해서 남도의 대표적인 음식으로는 '감태김치'와 '매생 잇국'을 들 수 있다. 김장김치를 담그듯 감태를 이용해 김치를 담그기 도 한다. 12월에 채취한 감태를 갯물로 씻고 소금과 참깨, 고추와 파 등을 넣고 버무려 독에 넣어 두면 적절하게 발효가 되어 감태김치가 된다. 매생잇국은 굴에 소금을 넣고 끓여 마늘과 참기름을 띄워 만 든다. 소화가 잘되고 변비에 좋은 매생잇국은 숙취 해소에 특히 좋은 것으로 알려져 술국으로 부르기도 한다.

5) 냉잇국

이른 봄 냉이의 연한 뿌리를 캐서 끓여 먹는 국이다. 냉이는 겨자 과에 딸린 두해살이풀로 깃꼴로 깊이 째진 잎이 뿌리에서 무더기로 나며 봄과 여름에 흰 꽃이 피는데 어린잎이나 순을 먹는다. 길가에나 밭에 저절로 자라며 한자어로는 제채(薺菜)라 한다.

쇠고기는 얄팍하게 저며 썰어 다진 마늘과 생강, 후춧가루로 밑간 을 한 다음 냄비에 참기름을 조금 두르고 볶는다. 고기가 익으면 냉 이 데쳤던 쌀뜨물을 부어 고기 맛이 우러나도록 푹 끓여낸다. 이렇게 쌀뜨물로 끓이면 된장 국물 맛을 고루 어우러지게 해 구수한 맛이 더 깊어진다. 국물에 고기 맛이 우러나면 된장으로 양념한 냉이를 넣 고 끓인다. 여기에 송송 썬 풋고추와 붉은 고추를 넣어 한소끔 더 끓 여내면 구수하면서도 향긋하고 맛있는 냉잇국이 된다.

6) 물쑥나물

물쑥은 국화과에 속하는 다년생 풀로 들의 습지에서 나는 것으로 흙냄새 같은 독특한 향기가 있다. 물쑥은 '농가월령가(農家月令歌)' 이월령에 "산채는 일렀으니 들나물 캐어 먹세. 고들빼기 씀바귀며 소루쟁이 물쑥이라."라고 하였듯이 이른 봄에 나오는 봄나물의 하나이다. 물쑥나물 만드는 법은 물쑥의 뿌리와 줄기를 다듬어서 잔털을 제거하고 데친 다음 찬물에 헹구어 물기를 짜고 5센티미터 길이로 자른다. 고추장과 간장을 섞은 후 식초, 설탕, 참기름, 깨소금, 다진 파, 다진 마늘을 넣어 양념 고추장을 만들어 손질해둔 물쑥을 잘 주물러서 간이 골고루 배게 한다.

7) 씀바귀나물

씀바귀는 이른 봄에 나오는 봄나물의 하나이다. 씀바귀는 혈액순환에 효과가 있는 식물이다.

뿌리나 어린잎을 먹을 수 있는데, 서울과 인천에서는 주로 뿌리를 무쳐서 나물을 만들어 먹는다. 씀바귀나물을 만들 때는 먼저 씀바귀 뿌리의 단단한 부분을 다듬고 깨끗이 씻어서 끓는 물에 데쳐 찬물에 헹구어 쓴맛을 적당히 뺀 후 물기를 뺀다. 이것을 고추장에 식초와 설탕, 다진 파, 다진 마늘, 깨소금, 참기름을 넣어 만든 초고추장으로 주물러서 간이 배도록 무친다. 전라도에서는 씀바귀의 잎줄기를 주로 먹는데 깨끗이 씻어 데친 후 물에 담가서 쓴맛을 우려낸 후 된장, 고추장, 다진 파, 다진 마늘, 참기름, 깨소금, 설탕을 넣고 주물러 무친다.

8) 꼴뚜기젓 담그기

꼴뚜기젓을 담그려면 생꼴뚜기의 먹통과 눈을 뗀 다음, 굵은 소금에 절여 3~4일 두었다가 물을 빼고 다시 고운 소금에 절여 삭힌다. 잘 삭았으면 냉수로 빨리 씻어 물기를 빼고 채를 썰어 고춧가루, 마늘 따위를 넣고 무쳐서 먹는다. 꼴뚜기젓은 동해안 지역을 제외한 황해 연안과 남해 연안에서 주로 담근다. 전남에서는 고록젓 또는 꼬락젓이라고 하며, 전북에서는 꼬록젓, 경남에서는 호래기젓, 황해도에서는 꼴띠기젓, 평북에서는 홀째기젓이라고 부른다.

9) 쑥단자

단군 신화에 "신이 신령스러운 쑥 한 자루와 마늘 20개를 주고 이르기를, 너희들이 이것을 먹고……" 한 데서 오랜 옛적부터 우리 민족이 쑥을 식용해온 것을 알 수 있거니와, 청애병(靑艾餅)은 어린 쑥잎을 쌀가루에 섞어서 떡으로 찐 것으로 우리 민족이 또한 일찍부터 쑥을 이용하여 떡을 만들어 먹었음을 알게 해준다. 쑥단자(香艾團子)는 《증보산림경제(增補山林經濟)》에 처음으로 기록이 보이는데, "찹쌀 두 되를 불려 절구에서 매우 쳐서 탕수로 반죽하여 삶아 건진 것에 쑥 한 되를 넣고 쳐서 떡을 만들고 밤소를 넣고 빚어 다시 끓는 물에 삶아 건져 밤고물, 잣고물 등을 묻힌다. 봄철 시식이다."라고 하여, 찹쌀과 쑥을 주재료로 하고 밤소, 밤고물과 잣고물을 썼음을 알 수 있다.

10) 쑥국

쑥과 고기를 빚어 만든 완자에 밀가루와 달걀을 묻혀 장국에 넣어 끓여 먹는 국(湯)이다. 쑥잎은 한명(漢名)으로는 애엽(艾葉)이라고 하는데 독한 맛이 있어 삶아서 하룻밤쯤 물에 담갔다가 먹는다. 이른 봄에 나온 여린 잎일수록 맛과 향이 좋다. 그러나 연한 잎은 1년 내내, 아직 자라나는 쑥을 뜯어다가 데쳐서 잘게 송송 썰고, 쇠고기 살코기를 다져 고기와 같이 이겨 빚어 완자를 만든다. 여기에 밀가루를 고르게 묻힌 다음 잘 풀어놓은 달걀에 적셔서 펄펄 끓는 장국에 넣어 익어서 떠오를 때까지 끓여서 내는 것이 애탕(艾湯)이다.

환웅이 신시를 건설하고 인간사를 다스릴 때 마늘과 쑥으로 병을 다스렸다고도 전해진다. 이처럼 쑥은 오랜 옛적부터 우리 민족에게 귀한 식품이며 예부터 귀한 약초였다.

11) 석수어탕(石首魚湯)

봄이 제철인 석수어(조기)에 갖은 양념을 넣고 함께 끓인 탕을 조기탕이라고도 한다.

"생선은 고유한 향기가 있어 고추장에 끓이면 향기를 모르게 되므로 맑은 장국에 끓이는 것이 좋다. 고추장에 끓이는 것은 지지미라 한다." 하였다. 따라서 석수어탕은 맑은 장국에 끓인 탕과 매운탕을 모두 포함할 수 있다. 굴비매운탕 만드는 법은 굴비 한 마리에 쇠고기 등심 100g, 햇고사리와 쑥갓, 풋마늘, 달걀 두개, 빨간 고추와 풋고추 각 서너개 그리고 쌀뜨물, 된장, 고추장, 고춧가루, 마늘 찧은 것, 참기름이 필요하다.

12) 게장 담그기

끓인 후 식힌 간장을 참게에 붓는데 이때 생강과 마늘을 썰어 넣는다. 참게 스무 마리면 간장 한 되 정도를 넣는다. 뚜껑을 덮고 3~4일이 지난 다음 간장을 따라 솥에 붓고 다시 끓여 식힌 다음 게 위에 붓기를 여러 번 하면 오래 두고 먹을 수 있다. 요즘은 폐디스토마에 대한 우려 때문에 참게로 게장을 담그지 않고 바닷게인 꽃게나 그 밖의 게로 게장을 담그는 일이 일반화되어 게장이라면 으레 바닷게로 담그는 것이 게장인 줄 아는 경우가 많다. 그러나 전에는 게장은 참게장을 말하는 것이고, 그 밖의 게로 담그는 게장은 방게장, 꽃게장 같이 게의 이름에 장이라는 말을 붙여서 불렀다. 게장은 간장에 담그기 때문에 전북 진안에서는 게장아찌라고 부르기도 한다.

13) 마농지 담그기

제주에서 콥대산이라고 부르는 마늘을 초여름에 반찬의 하나로 담궈 먹는 것으로 보통 마늘은 음력 7월 말에 심어 겨울을 지나 다음해 3월에 거둬들인다. 예부터 제주에서 초여름 반찬의 하나로 마농지를 담아 즐겨 먹었으며, 다른 반찬을 만드는 데도 넣어 맛을 돋우는 양념으로도 사용하여왔다. 담그는 방법은 집에서 만든 간장만 있으면 된다. 집에서 만든 간장에 마늘을 20여 일 담가두었다가 먹으면 그만이다.

마농지는 쌀밥과 보리밥을 가리지 않으나, 예전에는 쌀밥이 귀한 편이었기 때문에 주로 보리밥과 함께 먹었다. 물론 밥을 물에 말아서 먹을 때 반찬으로도 많이 이용하였다. 마농지를 주로 먹었던 때는 오이, 호박나물, 애호박 같은 것들을 재료로 한 반찬도 함께 해서 먹었

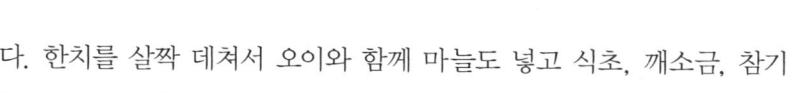

다. 한치를 살짝 데쳐서 오이와 함께 마늘도 넣고 식초, 깨소금, 참기름도 조금 넣어 무친 것을 여름철 별미로 쳤다고도 한다.

또한, 음식을 먹고 속이 거북스러울 때나 음식 냄새가 많이 날 때도 먹었으며, 음식을 먹을 때 함께 먹으면 체하는 것을 방지하기도 한다. 혹 체하였을 때 먹어도 효과가 좋다고 한다. 또 심하게 체한 사람이 토하고자 할 때 소금물에 이 마늘을 조금 풀어 넣은 물을 마시게 하면 쉽게 토할 수 있다. 언제부터인가는 혈액순환을 돕고 보양(補陽)에도 좋다고 알려지게 되었다.

14) 어알탕

어알탕은 쇠고기 대신 민어 같은 흰살생선의 살을 다져 양념하여 완자를 빚어 넣고 끓인 맑은 국으로, 밥을 먹기 위한 반상(飯床)용 국이라기보다 교자상이나 주안상에 어울리는 국으로 수리취떡, 제호탕, 준치만두와 함께 단오 절식이다.

파, 마늘, 생강즙, 후춧가루를 넣어 양념한 후 잣을 하나씩 넣으면서 은행알 크기로 완자를 빚는다. 빚은 어알을 녹말가루를 고루 묻힌 후 냉수에 담갔다가 건져내어 다시 녹말가루를 고루 묻힌다. 세 번 정도 반복하여 녹말가루를 입혀서 찜통에 쪄낸다. 장국이 팔팔 끓으면 생선완자와 실파를 넣고 조금 더 끓이다가 그릇에 담고 달걀 지단을 띄워 낸다. 또는 민어와 닭고기를 섞어 어알(완자)을 만들기도 하고, 준치로 완자를 만들어 준치국을 끓이기도 한다.

15) 유월 스무날 음식

음력 6월 20일로 닭을 잡아먹는 날로 전해왔다. 제주도 사람들은 유월 스무날을 '독(닭) 잡아먹는 날'이라고 한다. 이날 닭을 잡아먹으면 만병에 좋고 보신이 된다고 한다. 그래서 건강한 사람이나 병약한 사람이나 모두 닭을 삶아 먹는다.

몸이 허한 사람은 일부러 약닭을 고른다. 약닭으로는 오계(烏鷄)를 최고로 친다. 중병을 앓는 이에게는 오계의 창자를 꺼낸 뒤에 마늘과 옻나무를 넣고 고아 먹인다. 어린이에게는 앵두나무, 쌀, 황토물을 넣고 고아 먹인다. 이렇게 하면 회충을 예방할 수 있다고 믿는다. 부인병을 앓는 이에게는 황계(黃鷄)에 마늘, 쌀, 백토란, 지네를 넣고 고아 먹인다. 남자는 암탉, 여자는 수탉을 먹어야 더욱 효과가 있다고 한다.

유월 스무날은 단지 닭을 잡아먹고 몸을 보신하는 날만은 아니다. 이날 닭을 잡아먹는 일은 생업과 밀접한 연관이 있는 셈이다. 제주도와 경남에서는 이날 날씨를 보아 한 해 농사를 점치기도 하는데, 이 역시 생업과 밀접한 관련이 있음을 보여주는 사례이다. 이날 저녁 구름 한 점 없이 날씨가 맑고 해가 수평선 위를 붉게 물들이면서 지면 한 해 농사가 풍년이 들 것이라고 믿는다.

16) 어죽

흰살생선을 쪄서 살을 으깨고 뼈와 머리는 다시 고아서 체에 밭쳐 그 국물에 쌀과 생선살을 넣고 쑨 죽이다. 또는 신선한 생선을 고아서 발라낸 살과 곤 국물에 쌀을 넣어 끓인 죽으로 여름 보양 음식이다. 해안 지역에서의 향토음식이며 별미 음식이기도 하다.

어죽에 쓰이는 생선은 갓 잡은 신선한 것으로 만든 것이 특히 맛 있고 영양가도 높다. 어종은 도미, 붕어, 옥돔, 청어, 가자미, 대구, 미꾸라지 외에 게, 낙지, 섭조개, 대합, 미꾸라지, 굴, 우렁이, 전복, 홍합이 있다. 어죽 쑤는 방법은 다음과 같다. 쌀은 깨끗이 씻어 불린 다음 건져 놓고, 생선에 물을 넉넉하게 부어 푹 고아 국물을 만든다. 국물은 체에 받치고 머리, 뼈, 가시 따위를 깨끗하게 골라내고 살을 살살 으깨 놓는다. 국물을 생선살과 함께 냄비에 담은 다음 불려 건 져 놓은 쌀을 넣고 끓인다. 거의 끓었을 때 소금, 후추, 마늘 다진 것 으로 삼삼하게 조미하여 다시 뭉근한 불에서 쌀알이 알맞게 퍼졌을 때 불에서 내린다.

17) 삼계탕

삼복 더위에 보신을 위하여 알 낳기 전의 어린 암탉인 연계(軟鷄, 생후 6개월까지의 닭) 뱃속에 찹쌀, 밤, 대추, 마늘을 넣고 푹 끓여 먹는 것이 연계백숙(軟 鷄白熟)이고, 연계백숙에 인삼을 더하면 계 삼탕이 된다. 《서울잡학사전》에는 "…… 여 름철 개장국보다 더 여유 있는 집안의 시식 이다. 계삼탕이 삼계탕이 된 것은 인삼이 대중화되고 외국인들이 인삼의 가치를 인정 하게 되자, 삼을 위로 놓아 명칭을 다시 붙 인 것이다."라고 계삼탕이 삼계탕이 된 이

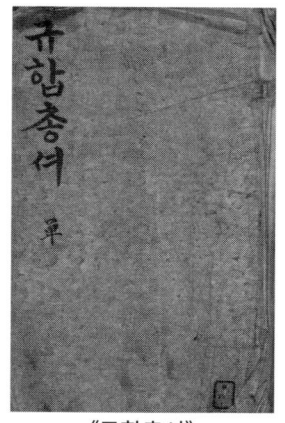

《규합총서》

유를 소개했다. 한편, 《음식지미방(飮食知味方)》, 《산림경제(山林經濟)》,

《규합총서(閨閤叢書)》, 《시의전서(是議全書)》, 《주방문(酒方文)》, 《부인필
지(婦人必知)》 같은 고조리서에는 삼계탕이나 계삼탕과 같은 찬품에
대한 기록은 없고, 다만 연계탕, 연계찜은 기록되어 있다. 19세기 말
에 쓰여진 것으로 알려진 《시의전서》에서 연계탕 조리 방법을 "좋은
연계를 백숙하여 건져서 뼈를 다 바르고 살은 뜯어 육개장 하듯 하
되……"라고 한 것을 보면, 19세기 말의 연계탕은 육개장과 같이 끓
인 탕임을 알 수 있다.

18) 연병(連餠)

얇게 부친 밀전병에 깨나 팥을 달게 하여 넣거나 각색 나물을 넣
어 돌돌 말아서 먹는 음식으로 밀쌈이라고도 한다. 궁중이나 양반가
에서 밀쌈을 가장 화려하고 맛있게 먹도록 만든 것이 구절판이다.

지역에 따라서는 먹기 쉽게 별미로 만들어 먹는데 빙떡, 총떡과 같
이 여름 나물이나 팥고물을 넣어 간식으로 먹는다. 총떡은 강원도에
서 먹는 연병의 일종이다. 메밀가루를 묽게 풀어 밀전병 부치듯 한
치 사방으로 부쳐서 소를 넣고 말아 지진 떡이며 소는 배추김치에 돼
지고기 버무린 것 또는 속을 도려낸 오이, 표고버섯 채 친 것에 쇠고
기 다진 것을 함께 볶아 양념한 것을 쓴다. 빙떡은 제주도에서 먹는
연병의 일종이다. 메밀가루를 반죽하여 넓적하게 지지고 무 채 썬 것
과 다진 파, 마늘을 소로 넣고 길쭉하게 돌돌 말아 만든 떡으로 넓
게 편다고 멍석떡(망석떡)이라고도 한다.

19) 누름적

채소, 고기 따위를 너비 1cm, 길이 8∼10cm 정도로 가늘고 길게 저미며, 꼬챙이에 색을 맞추어 꿰어 밀가루를 묻히고 달걀을 풀어 씌워 번철에서 전 부치듯이 지진 요리의 총칭. 일명 누르미 또는 간납(肝納)이라고 한다. 또는 밀가루 갠 것만 묻혀서 부치는 경우도 있으며, 이것을 누르미라고도 한다. 추석(秋夕)의 절식에 해당한다.

서울 지역의 진누르미는 고기, 도라지, 파를 꿰어 밀가루, 달걀을 묻혀 부친 간납의 일종으로 제사상에 쓰인다고 하였다. 강원도 지역의 느리미는 쇠고기, 도라지, 배추, 다시마, 파, 고비(고사리)를 각각 양념하고 색을 맞추어 꼬지에 꿰어 번철에 기름을 두르고 지져내고, 느리미 위에 간장, 설탕, 파, 마늘, 물을 섞어서 잠깐 끓인 장물을 끼얹어 지져 낸다. 이처럼 즙액을 끼얹는 누르미는 점차 사라지고 현재에는 누름적의 형태가 많이 이용되고 있다.

1670년의 《음식지미방》에 기록되어 있는 가지누르미는 가지에 밀가루, 간장, 기름을 발라서 구운 것에 즙을 얹은 것이고, 개장국누르미는 개를 삶아서 뼈를 발라내고 다시 솥에 넣어 참깨를 볶아 찧어 넣고 간장을 넣어 삶은 뒤 썰어 밀가루와 기름간장, 천초 등으로 만든 즙을 얹은 것이다.

20) 박나물

가을에 덜 여문 박을 따서 껍질을 벗기고 반을 갈라서 속을 긁어낸 다음에 얇게 저미거나 굵게 채 쳐서 무친 음식으로 포채(匏菜)라고도 한다.

추석 무렵에 덜 여문 박을 껍질을 벗기고 속을 긁어낸 다음, 얇게 저민 것을 양념한 쇠고기와 볶다가 간장이나 소금으로 간을 맞추고, 맨 나중에 참기름을 떨어뜨려 다시 무친다. 다른 방법은 덜 여문 박을 골라 껍질을 벗기고 속을 긁어낸 다음, 굵게 채 썰거나 저며서 소금물에 데쳐서 물기를 꼭 짠 다음 간장, 다진 마늘, 깨소금을 넣고 무쳐 박에 간이 고루 배면 마지막에 참기름을 넣고 한 번 더 무친다.

21) 양애(양하의 제주도 사투리)간무침

양하(囊荷)의 원산지는 아시아 열대지방으로 생강과 생강속에 속하는 여러해살이풀이다. 독특한 향과 맛이 있으며 식용, 약용, 향신료로 많이 이용된다. 특히 제주에서는 양하를 낙숫물받이로 이용할 만큼 주변에 많이 심었으며, 추석 차례상에 꼭 올리는 음식으로 양하근을 나물로 만든 양외채를 들고 있다. 꽃으로 만든 나물이어서 특이하고,

양하

보기 드문 특미를 지녔다. 양애간무침은 양하의 껍질을 벗기고 살짝 데쳐 2~4등분 한 다음 간장, 참기름, 마늘, 깻가루로 양념을 해서 낸다.

양하는 양하김치, 양하장아찌, 양하누름적, 양하탕, 양하산적, 양하녹두나물, 양하가지나물, 양하회로도 이용된다. 특히 양하적(囊荷炙)은 1600년대 말엽의 고조리서 《주방문(酒方文)》에도 기록이 나오며, 오늘날 전라도 일부 지역에서는 양하적을 만들어 차례상에 올리기도 한다.

22) 송이적

송이적은 송이를 파, 마늘, 참기름, 간장으로 조미하여 숯불에 구운 것. 송이는 성인병 예방에 특효가 있는 신토불이 식품으로 항암작용과 고혈압, 심장병 예방의 효능이 있다. 추석 전후 귀한 선물로 이용되며 귀한 손님이나 멀리 떨어져 있던 가족이 오면 송이버섯 요리를 내는 것을 으뜸으로 꼽고 있다.

《시의전서》에 의하면 송이산적은 송이를 쪼개어 기름, 파, 마늘, 후춧가루로 양념한 것과 양념한 고기를 섞어 꼬챙이에 꿰어 구운 것이다. 또 송이누름적은 송이버섯을 적당한 길이로 썰어서 간장, 참기름, 후춧가루에 양념하여 꼬챙이에 꿰고 밀가루 갠 것을 살짝 묻혀 달걀을 씌워 기름에 지진 것이다.

23) 박속

박의 속으로 만든 음식으로 추수가 끝나가고 서리가 내리기 전에 박을 따다 그 속을 긁어내어 무쳐 먹는다. 박속은 잘 여문 박이나 덜 여문 박 모두 먹을 수 있다. 박속을 만드는 방법은 덜 여문 박을 반으로 갈라서 수박 먹을 때처럼 숟가락으로 박속을 긁어낸 것에 소금을 살짝 뿌려 두면 물이 생기며 속살이 부드러워진다. 이것을 주물러서 씨를 빼내고 물기를 짜서 고추장, 다진 마늘, 깨소금 등을 넣고 생채로 무쳐 먹는다. 잘 여문 박을 가는 톱으로 반으로 갈라서 씨만 빼고 삶은 박속을 숟가락으로 긁어서 소쿠리에 건져서 물기를 뺀 다음 간장이나 고추장, 깨소금, 다진 마늘을 넣고 무쳐 먹는 방법도 있다.

24) 전어밤젓 담그기

전어 내장 중 '밤'이라고 부르는 구슬처럼 생긴 부분을 골라 소금물에 살짝 씻어 소쿠리에 건져 물기를 뺀 다음 소금을 골고루 섞어 항아리에 담아 밀봉하여 그늘에 보관한다. 보름 정도 지나서 알맞게 익으면 먹을 만큼 꺼내서 풋고추와 마늘을 굵게 썰고 고춧가루, 깨소금, 참기름을 넣고 양념하여 먹는다. 전어밤은 전어 한 마리에서 하나밖에 나오지 않으므로 전어밤젓은 매우 귀하고 맛있는 것이다. 전어밤젓은 경상남도에서 부르는 이름이고, 전라남도의 동부 지역에서는 돔배젓, 전라남도 서부 지역에서는 전어창젓, 전라북도에서는 곰뱅이젓이라고 한다.

25) 김장

김치가 우리 문헌에 처음 등장하는 것은 이규보의 《동국이상국집(東國李相國集)》 '가포육영(家圃六詠)'이다. 당시에 만들어 먹었던 순무장아찌와 순무김치에 대하여 "순무(菁) 담근 장아찌(得醬)는 여름철에 먹기 좋고 소금에 절인 김치(漬鹽) 겨울 내내 반찬 되네. 뿌리는 땅 속에서 자꾸만 커져 서리 맞은 것 칼로 잘라 먹으니 배 같은 맛이지."라고 전하고 있는데, 여기에서 장아찌는 지염(漬鹽)이라는 문자가 있기 때문에 지장(漬醬)으로 쓰는 것이 보다 정확한 기록이다. 김치 무리를 지(漬)라고 쓰는 것은 동이 문화권(東夷文化圈)의 공통된 현상인데, 송대(宋代)에 금(金)나라에 관하여 기록한 《삼조북맹회편(三朝北盟會編)》에서도 염지(鹽漬)란 말이 있는 것에서, 북방 지역과 한반도, 일본이 모두 김치 무리를 지(漬)라는 한자로 표현하고 있었다.

'가포육영'의 내용으로 보아 순무를 재료로 하는 고려시대의 대표적인 김치 무리를 장지와 염지 두 종류로 나눌 수 있다. 이들은 물에 담근다는 의미인 지(漬)로 미루어 소금물에 담근 것으로 해석되기 때문에 염지는 지금의 동치미류로 판단된다. '가포육영'에 보이는 오이(瓜), 가지(茄), 순무(菁), 파(葱), 아욱(葵), 박(瓠)이 시사하는 것에서 당시 김치 무리의 채소로는 배추보다는 순무를 더 선호하였다는 해석도 있다.

오이, 가지, 순무, 파, 아욱, 박이 가포(家圃)에서 짓는 대표적인 채소이지만, 김치 무리의 대상이 되는 채소류의 폭은 넓다. 고려 말기의 사람인 이달충(李達衷)의 '산촌잡영(山村雜詠)' 시 속에는 "여뀌(蓼) 절임(鹽漬) 속에 마름(萍)도 끼고 ……"라는 대목이 있으므로, 김치 무리의 대상은 《제민요술》 이후 여전히 산야채(山野菜)를 포함하는 전 채소류에 걸쳐서 있었지만, 김장(沈藏) 행사 때에 동원되는 대표적인 재료는 이규보의 시에서 나타난 대로 순무였을 것이다.

고려시대에는 파, 마늘을 생산하였으므로 장지 또는 염지에는 파, 마늘과 같은 양념류를 넣어 담았을 것으로 본다. 고종 23년(1236)에 간행된 《향약구급방》은 잘 알려진 바와 같이 약선(藥膳)을 제시한 책이며 약념(藥鹽)의 개념이 정립되어 있다. 만청(蔓菁, 순무), 오이(瓜), 동아(冬瓜), 나복(蘿葍, 무), 배추(菘), 마늘(大蒜), 부추(韮), 아욱(葵), 파(葱), 상치(萵苣), 박(瓠)과 같은 채소류도 《향약구급방(鄕藥救急方)》에서 다루고 있다. '가포육영', '산촌잡영', 《향약구급방》의 채소류만으로 보더라도 오늘날 우리들이 먹고 있는 중요한 채소류가 거의 전부 등장하고 있는 셈이며 이 모두는 김치의 재료로 보아야 한다.

　조선시대에는 김치 무리를 저(菹)라고 표기하였는데 이는 중국식의 표기법을 채택한 결과이다. 중종 13년(1518)의 《벽온방(辟瘟方)》에 "쉰무(순무) 딤채국(菹汁)을 집안 사람 다 먹어라."라는 말이 있고, 중종 22년(1527) 《훈몽자회(訓蒙字會)》에서는 저(菹)를 엄채(醃菜)라고도 하였으며, 숙종 8년(1682) 《역어유해(譯語類解)》에서는 함채(鹹菜)로도 표기하였다. 말하자면 고려 때에는 지(漬)라고 한 것이 중종 때에는 중국식으로 엄채라고도 쓰고 우리말로 딤채라고 한 것이다. 숙종 때에는 함채라고도 표기하고 있다. 출판 연대가 알려지지 않은 고조리서인 《주방문(酒方文)》에는 김치를 침채(沈菜)라고 쓰고 있고 한글 표기를 '지히'라 하고 있다.

　한편, 1715년 무렵의 《산림경제(山林經濟)》에서는 침채와 저를 합하여 침저(沈菹)라 하고 있고, 최남선(崔南善)은 《고사천자(故事千字)》에서 침채와 지를 합하여 침지(沈漬)라고 쓰고 있다. 다시 말하면 김치(딤채)는 침채 또는 침지에서 생겨난 단어로 이 양자는 모두 채소를 소금물에 절인다는 의미를 내포하고 있다.

　침채, 침지에 따라 다니는 단어가 장(藏)이다. 침장채(沈藏菜) 또는 장채(藏菜)라고도 표기하여 김장을 의미하기도 하는데, 태종 9년(1409) 궁중에서는 고려시대의 요물고(料物庫)와 같은 성격의 침장고(沈藏庫)를 두었다는 기록이 있고, 순조대의 《물명고(物名考)》에는 "장채(藏菜)란 채소의 월동을 위하여 소금절이한 것"이라고 설명하고 있다. 곧 김장은 침장에서 유래한 것이다.

　고추가 본격적으로 김치의 재료로 등장한 첫 문헌은 홍만선(洪萬選)이 저술한 《산림경제》이다. 그리고 유중림(柳重臨)은 《증보산림경제

《增補山林經濟》》권8 '치선(治膳)' 상(上) 황과담저법(黃瓜淡菹法 : 오이소박이)에서 오이의 배를 갈라 고춧가루(蠻椒末)와 마늘편을 소로 넣는 김치를 처음으로 소개하고 있다.

고춧가루와 각종 젓갈류가 동시에 김치 재료로 쓰였음을 기록한 문헌은 1800년대를 전후하여 등장한 《규합총서(閨閤叢書)》로서 젓갈류를 넣을 때 반드시 고춧가루를 넣었던 것으로 보인다. 조선시대 식경(食經)에 등장하는 김치 무리에는 《제민요술》의 염저, 곡물저, 초저, 장저가 보이고 있고, 술지게미에 채소를 넣고 발효시키는 조저(糟菹)는 등장하지 않는다. 《시의전서》가 쓰였던 1800년대 말에는 이미 곡물저, 초저, 장저의 대부분이 장아찌(醬果)로 변하고 있었다.

현재 우리가 김치라고 부르는 것은 몇 종류의 장김치를 제외하고는 염저를 지칭한 것으로 염저가 발전하여 다양한 김치 문화를 형성하였으며, 《시의전서》가 쓰였던 19세기 말에 확립되었다.

오늘날과 같은 통배추를 사용한 김장김치가 등장한 것은 조선 후기 이후로서 결구(結球)배추가 중국에서 품종이 육성된 것이 우리나라에 들어오면서 발달하였는데, 배추통김치, 보쌈김치가 만들어지기 시작한 것은 1850~1860년 무렵으로 추정된다. 헌종 15년(1849) 홍석모가 쓴 《동국세시기(東國歲時記)》 10월조와 11월조에는 "서울의 풍속에 무, 배추, 마늘, 고추, 소금으로 독에 김장을 담근다. 여름의 장담기와 겨울의 김치 담그기는 인가(人家) 일년의 중요한 계획이다. 무뿌리가 비교적 작은 것으로 김치 담근 것을 동치미(冬沈)라 한다. 무, 배추, 미나리, 생강, 고추로 장김치(醬菹)를 담궈 먹기도 하고, 섞박지(雜菹)를 담기도 한다."라고 하였다.

고구려와 백제가 부여의 한 갈래로서 만주 일대의 동이 문화권(東夷文化圈)에 포함되어 있고, 황해를 둘러싼 산동반도를 포함하는 중국의 동북부 지방 역시 동이 문화권이라는 점으로 보아 북위(北魏)시대에 산동반도의 태수였던 가사협(賈思勰)이 저술한《제민요술》에 저(菹)를 한반도 김치의 원형으로 보는 견해도 있다.

한편, 김치 무리를 중국에서는 저(菹)라고 한다. 저가 기록되어 있는 중국의 가장 오래된 문헌은 지금으로부터 2700~3,000년 전에 나온 중국에서 제일 오래된 시집인《시경(詩經)》의 제2 '소아(小雅)'편의 제5 곡풍지십(谷風之什) 중의 신남산(信南山) 내용 가운데서 "중전유로 강역유과 시박시저 헌지황조 증손수고 수천지호"(中田有盧요 疆場有瓜어늘 是剝是菹하니 獻之皇祖하여 曾孫壽考하여 受天之祜로다)라고 하여, "밭 가운데 움막이 있고 밭두둑에 오이가 열렸거늘 이것을 껍질 벗기거나 다듬어서 저(菹)를 만들어 조상께 받쳐 제사하여 증손은 오래도록 장수하여 하늘의 복을 받겠네."라는 내용이다. 저(菹)에 관한 명칭은《주례》,《의례》,《예기》,《제민요술》로 이어지지만《제민요술》을 기점으로 사라지고, 청대(淸代)에는 함채(鹹菜) 또는 엄채(醃菜)란 이름으로 등장한다.

중국인이 즐겨 먹는 저(菹)의 맛이 어떠한가에 대해서는《여씨춘추(呂氏春秋)》에 신맛이 매우 강한 것임을 시사하고 있으며, B.C. 100년 무렵의《설문해자(說文解字)》에서는 초에 절인 오이가 곧 저(菹)라고 하고 있고, 2세기 무렵의《석명(釋名)》에서는 소금에 절여 산을 생성시켜 숙성한 것이 저라고 설명하고 있다. 고대 중국인의 저는 채소를 초에 담그거나 숙성시켜 신맛을 생성시킨 것으로, 저는 단독으로 먹는 것이 아니라 육장에 찍어 먹는 형태였다. 따라서 다양한 맛을 내는《제민요술》의 저(菹)는 한족(漢族)보다는 동이족(東夷族)의 저(菹)에 가깝다고 보는 것이 옳을 것이다.

입동이 지나면 김장도 해야 한다는 김장에 대한 노래로 시작하고 있다.

"시월은 초겨울이라 입동 소설 절기로다.
나뭇잎 떨어지고 고니 소리 높이 난다.
듣거라 아이들아 농사일을 필하도다.
남은 일 생각하여 집안일 마저 하세.
무 배추 캐어 들여 김장을 하오리라.
앞 냇물에 정히 씻어 소금 간 맞게 하소.
고추 마늘 생강 파에 젓국지 장아찌라.
독 곁에 중두리요 바탱이 항아리라.
양지에 움막 짓고 짚에 싸 깊이 묻고,
장다리무 알밤 말도 수월찮게 간수하소."

26) 신선로

화통이 붙은 냄비(구자)에 여러 가지 어육(魚肉)과 채소를 색스럽게 넣고 각종 마른 과일들을 장식하여 육수를 붓고 끓이면서 먹는 탕이나 전골요리로 음식 이름이면서 그릇 이름이기도 하며, 열구자탕(悅

口子湯), 탕구자(湯口子), 열구자(悅口子)라고도 부른다. 궁중과 반가에서 잔치 음식으로 여러 가지 음식이 다 갖추어져 있을 때 신선로를 꾸밀 수 있으므로 대표적인 궁중음식뿐만 아니라 한국을 대표하는 요리로 꼽힌다.

중국의 훠궈르(火鍋兒)란 냄비가 수입되어 그 그릇의 쓰임새를 잘 활용하여 한국의 최고 음식으로 만든 것이 신선로라 할 수 있다. 신선로의 기원은 고문헌에 의하면 여러 가지가 있다. 신선로의 원래 이름은 열구자탕이며, 《맹자》 제11 고자(告子) 상(上)편 중에 "성인 선득 아심지소동연이 고 리의지열아심 유추환지열아구"(聖人은 先得我心之所同然耳시니 故로 理義之悅我心이니 猶芻豢之悅我口니라)라고 하여 "성인이 먼저 우리 마음이 옳다고 여기는 것을 알았다는 것이니, 그래서 이(理)와 의(義)가 우리 마음을 기쁘게 하는 것이 마치 고기요리가 우리 입을 기쁘게 하는 것과 같은 것이다."라는 내용에서 열구(悅口)는 음식이 입에 맞는다는 뜻이고, 그 말을 본떠서 열구자탕은 '입에 맞는 맛있는 국'을 의미한다고 볼 수 있다.

이 합의 둘레에 돼지고기, 생선, 꿩, 홍합, 해삼, 소의 양, 간, 대구, 국수, 고기, 만두 등을 돌려놓고 파, 마늘, 토란을 고루 섞어 놓은 다음 맑은 장국을 넣고 끓이면 각 재료에서 국물이 우러나와 맛이 매우 좋다. 몇 사람이 둘러앉아 젓가락으로 집어 먹고 숟가락으로 떠서 먹는데 뜨거울 때 먹는다. 이 음식은 모여 앉아 회식하기에 아주 적당하다. 우리나라 사람들이 사서 온 이 기구는 전별하는 야외 모임이나 겨울밤에 모여 앉아 술자리를 즐길 때 매우 좋다."라고 하였다. 《송남잡지(松南雜識)》 열구지조(悅口旨條)에서 "나부영 노인이 여러

음식을 잡팽(雜烹)한 것을 골동갱이라 이것이 지금의 열구지(悅口旨)
이다. 그리고 이 냄비를 화호(火壺) 또는 신선로라 한다."라고 했으며,
《동국세시기(東國歲時記)》에는 "쇠고기나 돼지고기에 무, 외, 훈채, 계
란을 섞어 장탕을 만든다. 이것을 열구자 또는 신선로라 하는데 중국
의 난로회(煖爐會)에서 온 것이다."라고 하였다.

27) 장김치(醬一)

　무와 배추를 간장에 절여 미나리, 갓 등을 섞어 간장을 탄 물에
꿀이나 설탕을 쳐서 담근 김치이다. 조선 후기 문헌에서는 장김치, 장
저(醬菹), 장침채(醬沈菜)로 적혀 있고 보통 장김치라고 부른다. 《동국
세시기(東國歲時記)》 11월조에 장김치를 담가 먹기도 한다는 기록이 나
오듯이 장김치는 주로 겨울에 담그지만 여름에 먹기도 하였다. 간장
으로 절이기 때문에 그 이름이 장김치가 되었다.
　《시의전서(是議全書)》에서는 무, 배추, 배를 간장에 절이고 여기에
마늘, 생강, 갓, 석이, 표고 따위를 채 썰어서 담근다고 했다. 곧 《규
합총서》와 《동국세시기》의 기록과 달리 1890년대가 되면 고추가 들어
가지 않는다. 20세기 이후에는 일본의 영향을 받아 조선간장에 비해
서 단맛이 강한 일본간장에 양파를 절여서 국물을 낸 장김치가 유행
하기도 했다. 장김치는 일반 김치에는 잘 이용되지 않는 밤, 대추, 석
이버섯 같은 귀한 재료들이 많이 사용되기 때문에 주로 궁중에서 이
용되었다. 떡을 주로 한 주안상이나 떡국상, 주안상에 잘 어울리는
김치이며, 사계절 모두 먹을 수는 있으나 겨울에 특히 제맛이 나는
김치이다. 또 소금과 젓갈이 들어가지 않기 때문에 위에 부담을 주지

않아 매운 음식을 피해야 하는 환자나 아이들에게 적합한 식품으로 이용될 수 있다.

28) 냉면

차게 식힌 국물에 국수를 말아서 만든 음식으로 《동국세시기(東國 歲時記)》에서는 메밀국수를 무김치와 배추김치에 말고 돼지고기를 섞은 것을 냉면(冷麪)이라고 하면서, 음력 11월의 시절 음식으로 소개했다. 그러나 오늘날 냉면은 사시사철 언제나 먹을 수 있다.

국수에 홍어나 가재미를 썰어서 고추장과 마늘 등으로 양념을 하여 비벼서 먹는다. 반면, 감자녹말로 만든 삶은 국수를 국물에 말지 않고 홍어회나 가재미의 생선회를 맵게 하여 먹는 것이 함흥냉면이다. 그 밖에 남한 지역의 이름난 냉면으로 진주냉면이 있다. 진주냉면은 순메밀로 국수를 만들며, 쇠고기를 삶아 수육을 썰고 그 국물을 냉면육수로 쓰는데 돼지고기는 쓰지 않는다. 얼음 공장이 생기면서 냉면은 겨울만 아니라 사시사철 먹을 수 있는 음식이 되었다.

29) 가자미식해(食醢)

식해는 절인 생선에 익힌 곡류와 소금을 섞어 만드는 것이 기본인데, 지방이나 용도에 따라 무채, 고춧가루, 엿기름, 파, 마늘, 생강을 넣고 담그기도 한다. 가자미식해는 함경도 음식으로 잘 알려져 있으며 함경도에서는 좁쌀로 지은 밥을 넣어 담그지만, 동해안에 접한 다른 지역에서는 보리밥이나 쌀밥을 넣어 담근다. 밥반찬이나 술안주로 쓰이는데 함경북도에서는 김장하듯이 담가서 땅에 묻어두고 겨울

의 밥반찬으로 먹는다. 가자미식해에 관한 오래된 기록은 우리나라 에는 없지만, 식해에 관한 기록으로는 중국의 진(晉)나라 때 장화(張 華)가 쓴《박물지(博物志)》에 도미로 식해 만드는 법이 나온다. 그리고 6세기 말에 북위(北魏)의 가사협(賈思勰)이 저술한《제민요술(齊民要 術)》'농산가공편'에 '자(鮓)'가 나오는데 이것이 식해이다. 일본의 유명 한 음식인 스시(鮨)의 원형이 식해와 아주 비슷한 나레즈시이다.

30) 안동식혜

감주계식혜(甘酒系食醯)가 아닌 감미와 독특한 향미가 있는 붉은색 의 저온 발효시킨 민속적인 음청류(飮淸類)의 하나로 안동을 중심으 로 한 경북 북부지방(조선시대 안동부)의 전통적인 계절 음식이다.

하룻밤 물에 불렸다가 푹 찐 찹쌀 지에밥에 체에 밭친 엿기름물과 잘게 썬 무와 생강즙, 고춧가루 우린 물을 넣고 고루 섞어 항아리에 담아 저온 발효시킨다. 발효 시간은 온도에 따라 다르나 4~6시간이 걸리며 밥알이 삭으면 급히 냉각시켜 차가운 곳에 저장하였다가 먹는 다. 특히 겨울철의 절식으로 쓰였던 것은 감주 계열 식혜와 같이 끓 이지 않으므로 삭힌 후 급히 냉각하지 않으면 변질되므로 냉장고가 없었던 옛날에는 겨울이 아니면 만들 수가 없었다. 지금은 냉장고의 보급으로 계절과 관계없이 만들 수 있다. 경북 안동 사람들은 설 명 절이나 집안 행사 때 또는 귀한 사람을 접대할 때 아주 즐기는 기호 음식이다. 안동 외에 북부지방 사람들은 안동식혜라 부르지 않고 식 혜라고만 한다. 또한, 일부에서는 소식해의 풍습이 남아 마늘과 소 금을 넣는 곳도 있다.

안동식혜도 반찬인 '소식해[素(蔬)食醢]'에서 음청류인 식혜로 변형되었다는 사실은 안동 일부 지역과 영양, 영주 등지에서 식해를 만들 때 안동식혜 재료 외에 소금, 파, 마늘, 참기름 등을 넣고 빡빡하게 담은 '밥식해'를 반찬으로 먹고 있는 것이 있었으므로 안동식혜가 소식해였음을 추정할 수 있었다. 매운 것을 싫어하는 사람들은 고춧가루를 넣지 않은 '백식혜'(주로 제사에 사용)로 만든다. 소식해(혜)의 기본형은 밥과 무우, 고춧가루, 소금과 생강, 파, 마늘, 참기름 등으로 가미하여 엿기름으로 발효시킨 반찬 음식이다.

31) 납향

납일(臘日)에 한 해 동안 이룬 농사와 그 밖의 일들을 여러 신(神)에게 고하는 제사이다. 납평제(臘平祭), 팔사(八蜡), 사(蜡), 자(禣)라고도 한다. 납일은 납향(臘享)을 지내는 날로 동지(冬至) 후 셋째 술일(戌日)이었는데, 조선 태조(太祖) 이후부터 동지 후 셋째 미일(未日)로 정하여 종묘(宗廟)와 사직(社稷)에서 대제(大祭)를 지냈다. 우리나라에서 납일을 미일로 한 것은 동방이 음양오행 중 목(木)에 속하기 때문이라고 한다.

"금년(今年) 모월(某月) 모일(某日)에 전하께서 종묘에 납향을 올리시니 무릇 행사할 집사관과 배제할 군관은 술을 함부로 마시지 아니하고, 파·부추·마늘·염교를 먹지 아니하고, 조상(弔喪)과 문병을 하지 아니하고, 음악을 듣지 아니하고, 형벌을 집행하지 아니하고, 형살문서(刑殺文書)에 판결 서명하지 아니하고, 더럽고 악한 일에 참예하지 아니하고, 각기 그 직무에 충실할 것이니 혹시 어긋남이 있으면 국가에서는 일정한 형벌이 있을 것이다."

　납향은 궁중이나 관아 또는 일부 재상집에서 지냈다는 기록이 있으나, 민간에서는 연중행사로 널리 지켜온 풍속인 것 같지는 않다. 단지 관아의 나례가 백성들이 참여하여 즐기는 지역 의례였고, 그것이 공식적으로 폐지된 갑오개혁 이후에도 탈놀음 등으로 변형되어 민간이 즐기는 세모(歲暮) 의례의 기능을 하였다는 점에서 그 의의를 찾을 수 있다.

32) 장땡이

　된장에 고기를 섞어 말렸다가 먹는 밑반찬으로 개성 지방 향토 음식의 하나이다. 봄에 장을 담가서 40일이 지나면 메주를 건져내어 소금을 섞지 않고 따로 덜어서 장땡이를 만든다. 만드는 법은 햇된장에 찹쌀가루·다진 쇠고기·통깨·파·마늘·고춧가루·참기름 등을 넣고 반죽하여 시루에 찌고, 이것을 지름 5㎝, 길이 15㎝ 정도로 빚어서 채반에 담아 볕에 말린다. 말린 장땡이는 항아리에 덜어 보관하다가 먹을 때 두께 0.5㎝ 정도로 썰어서 구워먹는다.

2. 마늘의 재배와 고농서(古農書)

1) 마늘 등의 재배법

　거름 내기 : 왕십리의 무, 살꽂이 다리의 순무, 석교의 가지·오이·수박·호박, 연희궁의 고추·마늘·부추·파·개나리, 청파의 미나리, 이태원의 토란 등은 제일 좋은 밭에 심지만 모두 엄씨의 똥을 써야 토

질이 비옥하고 잘 자란다."라고 적고 있다. 재는 똥과 섞어 똥재를 만들기도 하고, 그 자체를 거름으로 이용하기도 한다. 아궁이의 재를 이용하기 위해서는 기존의 재는 긁어내고 새 불을 다시 지펴야 한다.

박, 동아, 순무, 상추, 배추, 아욱, 고추, 가지, 겨자, 마늘, 파, 오이 따위를 파종하여 여름철 반찬거리로 삼는다고 했다. 그 밖에도 3월에 파종하는 작물로는 감자, 땅콩, 동부 같은 것들이 있다. 파종 방법으로는 씨 뿌리는 장소가 이랑인가 고랑인가에 따라 이랑에 씨를 뿌리는 농종법(壟種法)과 고랑을 이용하는 견종법(畎種法)이 있다. 농종법은 배수와 통풍이 잘되는 이랑을 이용하기 때문에 입하(立夏) 이후 여름에 파종하는 경우가 많다.

하지에는 장마와 가뭄 대비도 해야 하므로 이때는 1년 중 추수와 더불어 가장 바쁘다. 메밀 파종, 누에치기, 감자 수확, 고추밭매기, 마늘 수확 및 건조, 보리 수확 및 타작, 모내기, 그루갈이용 늦콩 심기, 대마 수확, 병충해 방재 등이 모두 이 시기에 이루어진다. 남부지방에서는 단오를 전후하여 시작된 모심기가 하지 무렵이면 모두 끝나는데, 이때 본격적인 장마가 시작된다. 따라서 구름만 지나가도 비가 온다는 뜻으로 "하지가 지나면 구름장마다 비가 내린다."라는 속담도 있다.

중양절에는 그해 논농사를 결산하는 추수를 하고, 여자들은 마늘을 심거나 고구마를 수확한다. 퇴비 만들기, 논물 빼기, 논 피사리 등은 남녀 공동 작업이다. 지방에 따라서는 목화도 따야 하고, 또 콩, 팥, 조, 수수, 무, 배추 같은 밭작물의 파종과 수확이 겹친다. 그러므로 농촌에서는 중양절이라고 하여 특별한 행사를 벌이기보다는 평상 때와 똑같이 보내는 곳이 더 많다. 그러나 양수가 겹친 길일(吉

日)이므로 여유가 있는 계층에서는 이날을 즐겼다.

《사시찬요》에 마늘 심는 길일은 8월 초순 중 무진·신미·병자·신사·임진·계사·신축·무신일이다. "9월 한로(寒露) 때 심는데, 일찍 추워질 해에는 8월 보름에 심어도 된다."고 했다. 비옥한 땅에 심는데, 또 《신은지》에는 "희고 연한 땅이 좋다."라고 했다. 세 차례를 잘 갈고 호미로 고랑과 두둑을 치고서 두 치씩 띄워 한 구덩이를 둔다. 짚신 버린 것을 소변에 담갔다가, 종자를 속에다 넣고 건흙을 곁들어 심고서 위에다 거름을 두텁게 하면, 크기가 주발(碗)만큼씩 하다고 《한정록》에 기록하고 있다. 싹이 나거든 자주 잔뿌리의 곁 땅을 매주고 거름물을 준다. 총(薹)이 나는 대로 뽑아버리면 쪽이 비대하지만, 그렇지 않으면 여위고 작게 된다고 하였다.

9월 초순에 마늘쪽을 촘촘하게 심었다가 2월 무렵에 이르면 땅을 두어 차례 갈고서 두둑마다 건 흙을 수십 짐씩 붓고, 다시 연장으로 뒤적거려서 골고루 긁고 두 치가량에 구덩이 하나씩을 내고 마늘 묘종을 한 포기씩 심으며, 가물 때는 항시 물을 주도록 《거가필용》에 기록하고 있으며, 《사시찬요》에는 5월 하지(夏至) 때에 마늘을 캐는데, 일찍 거두면 껍질이 붉고 쪽이 단단하나, 늦게 거두면 껍질이 풀려 부수어지기 쉽다.

2) 마늘 관련 농서

홍만선(洪萬選)이 지은 《산림경제(山林經濟)》의 치포(治圃)는 각종 원예 작물의 재배법을 다룬 것이다. 총론에 해당되는 부분에는 규종법(畦種法)·구종법(區種法)·아종법(芽種法) 등 원예 작물을 심는 법이

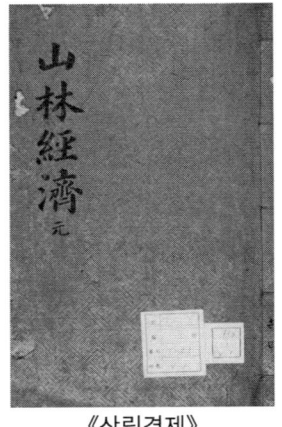

《산림경제》

소개되고 있다. 수록된 작물은 수박·참외·오이·동아·박·호박·생강·파·마늘·부추·염교·토란·가지·미나리·무우·순무우·겨자·배추·상치·승검초·아욱·쑥갓 등 채소류와 양귀비·맨드라미 등의 화초와 담배 등의 약초류이다. 끝에는 버섯 재배에 관한 것이 실려 있다. 무릇 오이는 사향(麝香)을 가장 꺼리니, 오이밭 가에 마늘이나 염교를 두어 포기 심어 놓으면 사향 냄새가 나더라도 손상되지 않는다.

－《신은지》

　염교는 희면서 부드러운 좋은 땅에 합당하다. 2~3월에 8~9월도 좋다. 《한정록》에 "염교는 시기에 구애받지 않고 심는데, 혹은 마늘과 동시에 심는다." 했다. 땅을 3~5번 갈고서 말리다 심는데, 두둑이 건조하면 염교가 비대하게 자란다. 대체로 한 자(尺) 거리에 한 포기씩 심고 7~8뿌리를 한 포기로 하는데, 약한 뿌리를 끊어 버리고 강한 뿌리만 두면 여위고 비대해지지 않으며, 잎이 나면 곧 매주어야 하는데 호미질은 자주 하는 것이 좋다. 　　　　　－《거가필용》

　《산림경제(山林經濟)》 제2권 '종수(種樹)'에는 기존 농업기술서를 인용하여 마늘을 심을 때 "마늘 한 쪽 및 한 치쯤 되게 자른 감초(甘草)를 넣는다." 했다. 마늘 한 쪽을 밑에 놓고 그 위에 나무의 태운 부분이 닿게 하여 심으면 영원히 벌레가 생기지 않는다. 　－《거가필용》·《신은지》

제2권 '치선(治膳)' 남새(蔬菜)에서는 마늘요리나 마늘을 이용한 다른 저장식품의 이용법이 기록되어 있다. 마늘종 말리는 법(晒蒜薹)은 5월에 살지고 연한 것을 가려, 끓는 소금물에 데쳐서 볕에 말렸다가 쓸 때쯤 해서 끓는 물에 넣어 부드럽게 되거든 양념해 먹는다. 살진 고기를 넣어서 요리하면 더욱 좋다.　　　　　　　　－《거가필용》·《신은지》

마늘가지(蒜茄)는, 늦가을에 작은 가지를 따서 꼭지를 버리고 깨끗이 씻어 초 한 사발에 물 한 사발을 타서 슬쩍 끓거든 가지를 데친다. 데친 가지의 물기를 빼고 마늘과 소금을 찧어 고루 섞어 자기 항아리 속에 담아둔다.　　　　　　　　　　　　－《신은지》·《거가필용》

마늘오이지(蒜黃瓜)는, 앞의 방법과 같이 한다.
　　　　　　　　　　　　　　　　　　　　－《신은지》·《거가필용》

마늘동아지(蒜冬瓜)는, 큰 동아를 가려 두었다가 동지 전후하여 껍질을 벗기고 씨를 발라 손가락 크기로 썰어, 백반(白礬)을 탄 석회(石灰) 물에 데쳐 건져서 물기를 빼고, 1근당 소금 2냥과 오이씨(瓣) 3냥을 한데 찧어 고루 섞어 자기(磁器)에 넣고, 끓인 좋은 초를 쳐서 담는다.
　　　　　　　　　　　　　　　　　　　　－《신은지》·《거가필용》

박세당이 1676년에 지은 농사에 관한 경서라는 뜻으로 《색경(穡經)》은 지방의 농경법을 연구해 꾸민 농법 기술서이다. 상권에는 임지(任地 : 작물 종류에 따라 토질이 달라야 하는 것), 변토(辨土 : 토질의 특징과 보호법),

경지(耕地 : 봄갈이, 가을갈이를 때맞추어 하는 것)에 대한 총론적 풀이와 각
종 개별 작물·과일·화훼·가축·포유류·조류에 대한 설명을 담고 있다.

구체적으로 보면 종곡(種穀)으로 논벼·밭벼·보리·밀·조·기장·수
수·콩·팥·참깨·들깨·삼·모시·목화 등에 대해 설명하고, 종제과채
법(種諸瓜菜法)으로 오이·수박·박·동아·토란·아욱·가지·무·순무·겨
자·생강·마늘·파·부추·상추·버섯·잇(紅花)·쪽 등의 재배법, 종제수
법(種諸樹法)으로 대·송백·오동·괴나무·닥나무·치자·백양 등의 재배
법을 설명하고 있다.

또한, 종제과법(種諸果法)으로 배 등의 과실수의 재배법, 종제화법
(種諸花法)으로 연꽃·국화·지황·회향·마·위포 등 화초와 약초의 재
배법 그리고 과수의 접붙이는 법인 신접(身椄)·안접(眼椄)·피접(皮椄)·
지접(枝椄)·압접(壓椄)·탑접(塔椄) 등 각 방법 등을 소상히 설명하고 있
다. 이와 함께 돼지·닭·거위·오리 등을 기르는 방법과 양어·양봉에
관한 내용도 기술되어 있다.

하권에서는 양상(養桑)과 양잠경(養蠶經)으로 크게 나누어, 세분된
항목에 따라 잠종 처리로부터 고치실 뽑는 과정에 이르기까지 자세
히 서술하고 있다. 이어서 전가월령(田家月令)·전가점험(田家占驗)·제주
(製酒)·제초(製醋) 등이 첨부되어 있다. 전가월령(田家月令)은 12개월 농
사의 월력이고, 전가점험(田家占驗)은 월별로 농사를 점치고 천문류(天
文類 : 해·달·별·바람·비·구름·이슬·얼음·눈·서리 등)와 지리류(地理類 : 산수
의 모습 변화), 초목·조수(鳥獸)·간지 등과 연결시켜 일기·기후·농형 등
을 예보하는 방법을 논술한 것이다.

위와 같이 이 책은 농림, 축잠 전반에 걸쳐 계통적으로 상세하게

기술되어 있으며, 양어·양봉 및 농산 제조(술 담그기, 초 담그기 등)까지도 언급되어 있고, 농사를 점치는 법도 덧붙여 있다.

따라서 종래의 농서에 비해 내용이 광범위하고 체계화되어 있어 뒤에 나온《산림경제》와 같은 소백과서의 선구격인 저서라 할 수 있다. 이 책의 내용에서 특히 주목할 만한 것은 담배의 재배 및 제조법의 기재와 다양한 접목법의 설명, 그리고 각종 농작물마다 의료품으로서의 용도를 덧붙여 설명한 점 등이다. 한마디로 중국의 농서를 많이 섭렵해 인용하고 취사선택과 분류를 적절히 해 요령 있는 설명으로 엮어 놓아 농학 체계화에 도움이 되었다고 할 수 있다.

마늘의 전국적인 유통 과정을 보면 청과 객주의 역할이 컸다. 대부분 생산과 소비가 일정한 좁은 지역에서 이루어졌지만 대도시와 같은 대량 소비 도시에서는 어떤 형식이든 농산물의 유통이 이루어져야만 했다. 보부상(褓負商)이 유통 과정의 마지막 단계에서 직접 소비자들과 상대하는 우리나라 고유의 행상인 것과 대조적으로 객주는 객지에서 장사하는 여러 상인들의 주인으로 직책을 맡았다. 객주는 주 유통 산물에 따라 다양하게 나누어졌는데 청과 객주는 채소와 과일을 다루는 객주로, 문헌상으로는 그들을 '소과여각(蔬果旅閣)'이라고 하였다.

청과물은 해산물·곡물 등과 같이 부피가 커서 그 운반과 보관상 창고나 마방이 설치된 여각에서 다루었기 때문이다. 청과 객주는 서울에서 과물 또는 생과 객주(生果客主)·채소 객주 및 건과 객주(乾果客主)가 나누어져 있었지만, 작은 도시에서는 같이 다루었다. 서울 등 대도시에는 채소 중 고추·버섯·취·고사리·더덕·마늘 등을 말려서 다루는 건채(乾菜) 내지 산채 객주 등도 있었다. 건과 객주가 취급한

것은 곶감·대추·황률 등과 단단한 껍데기에 싸인 밤·호두·잣·은행 등의 견과(堅果)가 대부분이었다.

우리나라에서 농경이 본격화된 것은 삼국시대이다. 농업은 기후·지세·토양·지질 등의 자연환경에 큰 영향을 받는데, 특히 기온과 강수량은 농작물의 종류와 분포를 결정짓는 한 요소가 된다. 흉년에 곡식 대신으로 먹는 식품에서 식물의 식용 부위는 잎·싹·줄기 등을 식용하는 것이 가장 많아서 명아주·쑥·냉이 등 240여 종이 있으며, 뿌리를 먹는 것은 마·칡뿌리·도라지·백합 등 20여 종, 과육을 먹는 것은 고욤·구기자·대추 등 40여 종, 열매를 먹는 것은 밤·도토리 등 16여 종이다. 그리하여 우리는 한재나 수재 등 예기할 수 없었던 기후의 변화로 말미암아 기근에 시달려 왔다. 《삼국사기》에서도 한해·충해·상해(霜害) 등이 가장 두려운 재앙이었다는 기록이 있다.

충청남도 지방에서는 칡뿌리, 경상도 지방에서는 만삼을 춘궁기에 식용하였다. 어촌 지역 중에서 울릉도는 산마늘을 주식으로 대용하였고, 황해도 해안에서는 나문재(갯벌의 건조한 지역, 폐염전 주변, 간척지에 서식하고 있는 다육성 한해살이풀)을 식용하였다. 산마늘은 춘궁기에 배고픔을 달래주는 야생 식물의 하나이었다.

《본사(本史)》는 조선시대 서명응(徐命膺)이 지은 종합 농업 기술서이다. 책의 완성은 저자가 죽은 1787년(정조 11)이었으나 출간된 것은 1845년(헌종 11) 손자인 서유구(徐有榘)에 의해서였다. 《보만재총서(保晩齋叢書)》 권23~34에 편입되어 있다. 그렇지만 이 책은 홍만선(洪萬選)의 《산림경제(山林經濟)》를 많은 부분 그대로 옮겨놓은 것에 불과하며 그가 독창적 농서를 완성한 것은 그 뒤 14년 만에 다시 엮은 이 《본

사》라고 할 수 있다.

《본사》 제5권은 채소원예작물에 대하여 풀이하고 있는데, 먼저 부추·마늘·고추 등 향기가 있는 채소를 설명한 뒤에 참외·호박 등의 과채류와 고구마·감자·죽순 등을 풀이하고 이어서 배추·고사리 등의 활채(滑菜)와 미나리·미역 등의 수채(水菜), 그리고 지이(芝栭)인 각종 버섯 종류를 풀이하고 있다.

농정의 본말을 서술한 이유는 "팔곡(八穀)이 식(食)의 근본이 되기 때문이며 소채와 과실도 없어서는 안 될 식품이다. 수목과 화훼는 동량(棟樑)과 주차(舟車), 책상 등을 만드는 재료이고, 풀뿌리나 줄기와 잎은 생명을 보호하는 약초가 되기 때문에 기록하였다."라는 요지로 되어 있다. 제1권부터 12권까지 각종 작물, 농업기술, 농기구, 가축, 채소원예작물, 과실류 등, 나무 재배, 약초, 양잠 등으로 나누어 정리하였는데 5권에서는 먼저 부추·마늘·고추 등 향기가 있는 채소를 설명한 뒤에 참외·호박 등의 과채류와 고구마·감자·죽순 등을 풀이하고 이어서 배추·고사리 등의 활채(滑菜)와 미나리·미역 등의 수채(水菜), 그리고 각종 버섯 종류를 풀이하고 있다.

또 다른 농업기술서로는 신중후(辛仲厚)의 《후생록(厚生錄)》이 있다. 편찬자는 이 책을 저술함에 있어서 우리나라의 구황서(救荒書)와 저술 당시의 관행 농법인 근법(近法), 또는 속방(俗方)을 많이 인용하고 있으나 중국의 농서도 빈번하게 인용하고 있다. 편찬자는 당시의 관행 농법을 많이 인용함으로써 우리나라 풍토 중심의 농서를 편찬하기 위해서 많은 노력을 기울인 것 같다.

이 책의 하권에 수록되어 있는 내용 중에 종소(種蔬)에는 가지·고

추·무·상추·파·미나리·마늘·생강·배추·수박·오이·참외·동아 등 20
여 종에 대한 기록이 수록되어 있고, 종약(種藥)에는 지황(地黃)·구기
(枸杞)·오미자(五味子)·당귀(當歸)·맥문동(麥門冬)·천궁(川芎) 등 12종의
약용작물에 대한 기록이 수록되어 있는데, 여기에 별종제품(別種諸品)
이라 하여 대나무·연·담배·홍화(紅花)·쪽 등 12종이 추가되어 있다.

　남용익(南龍翼)의 《문견별록(聞見別錄)》에는 우리나라에서 생산되는
약초(藥草)나 소채(蔬菜)가 거의 다 있으며, 토란이 가장 흔해서 밭이랑
사이에 섞어 심으며, 양하(蘘荷)·생강·오이·마늘·부추·고사리 등의 채
소가 모두 좋고, 무는 맛과 품질이 다 좋은데 밑동이 가늘고 길며 배
추는 너무 가늘어 먹을 수가 없고, 박은 길어 동과(東瓜)와 같고 가지
는 그 모양이 방망이 같으며 상추는 겨울에도 먹을 수 있다고 하였다.

　《부연일기(赴燕日記)》는 1828년(순조 28) 진하겸사은사(進賀兼謝恩使)의
정사(正使) 이구(李球)의 의관겸비장(醫官兼裨將)으로 청(淸)나라에 다녀
온 김노상(金老商)이 기록한 연행 기록이다. 농사짓는 집은 분뇨 아끼
기를 금과 같이 하며, 부녀자가 나가 밭 가는 예는 없다. 전지에 심
는 것으로는 벼·기장·찰기장(黍)·메기장(稷)·수수·메밀·보리·콩·팥·
들깨·광랑(桄榔, 야자과에 속하는 상록 교목)·비마(蓖麻)·호마(胡麻)·면화
등 없는 것이 없다. 타곡(打穀)하는 법은 연가(連枷, 도리깨)를 쓰지 않
고 단지 나귀가 연자방아(碾)를 끌어 부수고, 방아로 찧지 않고 오로
지 석마(石磨, 맷돌)를 쓴다. 곡식을 운반할 때에는 모두 나귀를 메워
쓰며, 수레 운행과 타곡할 때에도 나귀로 하고 곡식을 찧을 때에도
나귀로 하니, 그 사람들의 나귀 노릇하기는 어렵겠다. 채소 역시 없는
것이 없는데, 무(蘿葍)·순무(蔓菁, 무의 한 가지)·미나리(芹)·명아주(藜)·

아욱(葵)·파(蔥)·마늘(蒜)·홍초(紅椒)·부추(韭薤)·오이(黃瓜)·동아(冬瓜)·가지(茄子)·겨자(芥子) 등이며, 품종이 모두 같지 않다고 하였다.

허균(許筠)의 《성소부부고(惺所覆瓿藁)》에는
몇몇 채소 등의 치농(治農)법이 기술되어 있다.
훈채(葷菜)의 농사법에 대한 기록을 정리해보면,
파(蔥) : 8월 하순(下旬)에 뿌리의 잔털을
깨끗이 떼어 버리고 줄(行)은 듬성하게 하되
총총하게 심고 돼지똥과 오리똥을 왕겨에
섞어서 북돋워 준다. 또 사계총(四季蔥, 네 계
절마다 심는 파)이 있어 이는 아무 때나 심을
수 있는데, 이도 반드시 잔털을 떼어버리고

《성소부부고》

햇볕에 약간 말린 다음 심는 방법은 위와 같다.

마늘(蒜) : 8월 초순(初旬)에 비옥한 땅에다 고랑을 치고는 2치(寸)
간격으로 한 포기씩 심고는 거름물을 준다. 혹은 우초혜(牛草鞋, 외양
간에 넣어 소에게 밟힌 짚신. 거름의 일종)를 오줌에 담가 씨앗을 그 안에
싸서 넣고 썩은 흙을 끼어서 심고는 그 위에 똥을 두껍게 덮어주면
마치 주발(碗)만큼 크게 자란다.

부추(韭) : 2월 하순(下旬)에 종자를 뿌렸다가 9월에 나누어 심는다.
10월에는 볏짚재(稻草灰)를 3촌(寸)쯤 덮어주고 또 그 위에 흙으로 얇
게 덮어주면 바람이 불어도 재가 날리지 않는다. 입춘(立春) 후에 싹
이 재 위로 올라오면 싹을 베어 먹을 수 있다. 일기가 만일 따스할 경
우는 2월 말경이면 싹이 자라서 어엿한 채소가 되므로 차례로 베어

먹는다. 이리하여 싹만 베어 먹고 뿌리는 그대로 남겨두면 그 뿌리로 나누어 심을 수 있으므로 다시는 씨앗으로 심을 필요가 없다.

염교(薤) : 아무 때나 심을 수 있는데, 혹은 마늘과 같이 심기도 한다.

또 지역별 유명 농산물을 기록하여 지역별 특화가 이루어져 있는 것을 알 수 있다. 생강(薑)은 전주에서 나는 것이 좋고 담양과 창평의 것이 다음이라고 하였고, 겨자(芥)는 해서에서 나는 것이 가장 맵고, 파(蔥)는 삭녕(朔寧)에서 나는 것이 썩 좋은데, 부추·작은 마늘·고수(葰) 등도 모두 좋다고 하였다. 마늘(蒜)은 영월(寧越)에서 나는 것이 가장 좋다. 먹어도 냄새가 안 난다고 기록되어 있다.

연암 박지원(朴趾源)은 《연암집(燕巖集)》에서 왕십리(往十里)의 무와 살곶이(箭串)의 순무, 석교(石郊)의 가지·오이·수박·호박이며 연희궁(延禧宮)의 고추·마늘·부추·파·염교이며 청파(靑坡)의 미나리와 이태인(利泰仁)의 토란들은 상상전(上上田)에 심는데, 모두 엄씨의 똥을 가져다 써야 땅이 비옥해지고 많은 수확을 올릴 수 있다고 하였다.

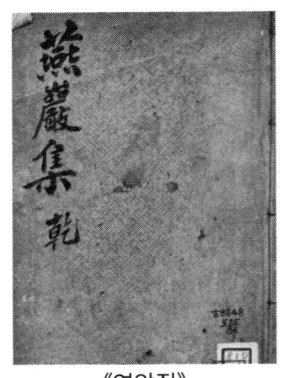

《연암집》

《하재일기(荷齋日記)》에서 지규식(池圭植)은 1891년부터 1911년까지 20년 동안의 생활을 일기 형태로 기후와 함께 기록하였다. 일기 중에는 마늘을 심은 기록도 있어 마늘을 모두 1,730통을 심고 수확하는 내용을 일기 형태로 기록하기도 하였다. 뒷집 개초(蓋草, 이엉)값 40냥

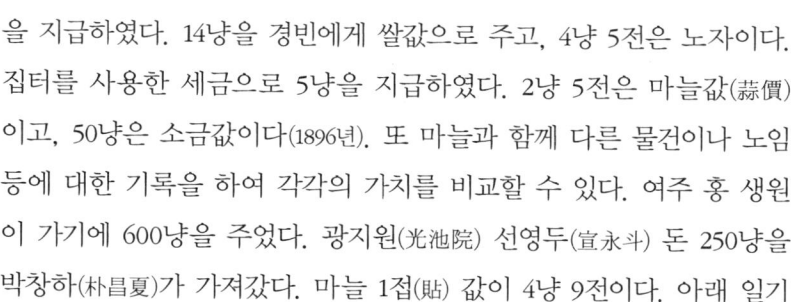

을 지급하였다. 14냥을 경빈에게 쌀값으로 주고, 4냥 5전은 노자이다. 집터를 사용한 세금으로 5냥을 지급하였다. 2냥 5전은 마늘값(蒜價)이고, 50냥은 소금값이다(1896년). 또 마늘과 함께 다른 물건이나 노임 등에 대한 기록을 하여 각각의 가치를 비교할 수 있다. 여주 홍 생원이 가기에 600냥을 주었다. 광지원(光池院) 선영두(宣永斗) 돈 250냥을 박창하(朴昌夏)가 가져갔다. 마늘 1접(貼) 값이 4냥 9전이다. 아래 일기를 보면 1897년 같은 해인데 마늘값은 많이 오른 것을 알 수 있다. 짚신값이 5냥 9전, 마늘값이 9냥 7전 5푼. 집 일한 품삯으로 원(元)이가 50냥, 춘(春)이가 11냥, 명옥(明玉)이가 3냥 5전, 고깃값이 5냥이다.

일기에는 민속 처방도 기록되어 있어 응급처치의 방법도 알려주고 있다. 금·은(金銀) 기물을 잘못 먹었으면, 묵은 보리(陳大麥)를 까끄라기를 제거하고 볶아 갈아서 가루를 만들어 황설탕을 조금 넣고 밥과 함께 먹어라. 하루에 2회, 매회에 1잔씩 먹으면 3~4일이면 곧 풀려 내려간다. 다만, 죽과 밥·마늘은 먹어도 되나 끓인 물은 먹어서는 안 된다.

3. 묘사 대상으로의 마늘

1) 등축제의 마늘 등

경기민요 중 '양산도'에도 마늘 모양의 등을 만들어 초파일을 즐겼던 내용이 나온다.

'사월이라 초파일에 관등하러 임고대 용등 봉등 수박등 마늘등이로다' 로 끝나는 독창 부분은 초파일의 등이 어떤 모양을 하고 있는

지 알려주는 구절이다. 역시 초파일에 구비 전승되어 온 '등타령'도 세시풍속의 한 면을 보여준다. 등(燈)을 소재로 부르는 경쾌한 곡조의 민요로 좁은 의미로는 관등일(觀燈日)을 맞아 내거는 등의 종류를 읊은 경쾌한 곡조의 민요이다.

등불은 자비와 지혜의 상징으로, 등불이 밝을수록 길(吉)하다고 여겨 초파일 저녁은 등석(燈夕)이라 하여 가족 수만큼 또는 아이의 나이만큼 여러 개의 등을 달았다. 등은 모양이나 등 위의 장식물 또는 매달린 곳에 따라 만화등, 수박등, 자라등, 호랑등, 새우등, 황새등, 숭어등, 붕어등, 연화등, 일월등, 칠성등(七星燈), 거북등, 종경등(鐘磬燈), 선등(仙燈), 북등, 마늘등, 영등(影燈), 알등, 병등(瓶燈), 벽장등(壁欌燈), 가마등, 난간등(欄干燈)이라 불렀다.

안동 지역에서 전래하는 연등(然燈) 행사에 등은 과실 모양으로 만들기도 하고 꽃이나 어류 또는 여러 가지 동물 모양을 본떠서 만들기 때문에 그 이름만 해도 수박등, 마늘등, 참외등, 연화등, 목단등, 잉어등, 거북등, 봉등, 계등, 학등, 오리등, 일월등, 선인등, 칠성등, 고등(鼓燈), 누각등 등등 이루 헤아릴 수없이 많다. 등의 모양은 정해진 것이 아니기 때문에 동물이나 물고기, 새, 과일, 가정 생활용품, 건축물과 자연의 산, 나무 등 같이 정해진 형태를 갖춘 것이 있고, 오행등, 일월등, 수복등, 태평등, 만세등과 같은 추상적인 내용을 등을 만드는 사람의 뜻에 맞게 만드는 경우도 있다. 등은 그 형태에 따라서도 바람에 따라 빙빙 도는 등, 수십 발의 종이쪽을 붙여 펄펄 나는 등, 종이로 바른 소박한 등에서부터 오색 비단으로 화려하게 장식한 값비싼 등까지 여러 종류가 있었다. 등을 다는 데에도 등대(燈臺)

를 세워서 각종 깃발로 장식을 하고 휘황찬란한 연등을 하며, 강에는 연등을 실은 배를 띄워 온 누리를 연등 일색으로 변화시킨다. 이와 같은 축제 분위기의 연등 행사는 자연히 많은 사람의 구경거리가 되었는데, 이를 관등(觀燈)이라고 한다.

연등 행사 또는 연등 축제로 펼쳐지는 불교의 명절인 초파일이 민속명절로 전승된 것은 재래로 전승되어 온 연등 행사와 불교의 연등 공양(燃燈供養)이 습합(習合)된 데 연유한다. 불교적 성격을 띤 국가 행사인 연등회(燃燈會)는 551년(진흥왕 12)에 팔관회(八關會)의 개설과 함께 국가적 행사로 열리게 되었고 특히 고려 때 성행하였다. 이는 불교 문화권에서 성행하던 불교 의례의 하나이다. 불교에서는 불전에 등(燈)을 밝히는 등공양(燈供養)이 차공양(茶供養), 과공양(果供養), 미공양(米供養) 등과 더불어 중요시되었다. 그것은 불전에 등을 밝혀서 자신의 마음을 밝고 맑고 바르게 하여 불덕(佛德)을 찬양하고, 대자대비(大慈大悲)한 부처님께 귀의하여 구제를 받으려는 의미를 지니고 있다.

2) 자연의 묘사 대상으로의 마늘

하회마을의 지리적 특징으로 동쪽으로는 태백산맥인 해발 328m의 화산(花山)이 평지에서 높다랗게 솟아 있고 남쪽에는 일월산맥인 남산(南山)과 서쪽으로는 화산 너머로 역시 일월산맥의 지맥인 원지산(遠志山)이 나즉하게 뻗어 있으며 그 뒤로는 마늘봉(蒜峯)이 드리워져 있다.

마늘봉은 그 생김새가 마치 마늘과 같다는 데서 생겨난 이름이나 입에서 입으로 전해지면서 오늘에 이르렀는데, 한편으로는 만은봉(晚隱峯)으로 알려지기도 했다.

봉화산 마늘봉

정약용의 《다산시문집(茶山詩文集)》 산행일기(汕行日記)는 춘천에서 소양정(昭陽亭)에 올라 청평산(淸平山) 폭포를 보고 자연을 기리는 시를 지었는데, 여기서도 마늘봉에 대한 예찬이 나온다.

자잠(紫岑) 위에 송의항(松漪港)이 있는데 암석이 몹시 기괴하였다. 경진년 봄에 배터에 배를 대놓고 그 암석 사이에 끼어 앉아 형제가 함께 밥을 먹었는데, 그 생각이 역력히 떠올라 마치 어제 있었던 일 같았다. 이로 인해 오르락내리락하면서 떠나지 못하고 한참 동안 있었다.

송의마을 북쪽 석벽 높기도 높아	松漪村北石崔崔
하늘이 만든 금성 물을 등졌네	天作金城背水隈
저 마늘봉은 보루 쌓기에 좋다지만	可但蒜峯宜築堡
넓은 호수 동쪽 뫼 참으로 기묘하네	太湖艮嶽儘詼瓌
마늘봉 뒤에 곡운이 열렸는데	蒜峯以後谷雲開

구곡의 선경 거쳐 왔네	九曲仙莊領略來
보건대 조물주가 그 기교를 다해	試着化工勞意匠
수석을 갈아 신기한 작품을 만들었네	磨礱水石有神裁

서애 선생은 그의 문집에서 기록한 것이 1808년에 서영보(徐榮輔)·심상규(沈象奎) 등이 왕명에 의해 찬진(撰進)한 《만기요람(萬機要覽)》에도 나와 있다. 전술적으로 중요한 요충지들에 관한 논의들을 정리하고, 축성(築城)·산성(山城)·설책(設柵) 등 방어 전략에 관한 중요 논의를 제시하였다.

임진란 때에 천리의 지방이 바람에 쓰러지듯 하여 적의 앞길을 끊어 막는 이가 아무도 없었는데, 황해도 황주의 이사림(李思林)이라는 이는 혼자서 동리의 남녀노소 400여 명을 거느리고 마늘산(蒜山)에 올라가 목채(木柵)를 만들고 이를 지켰었는데, 그 산은 그다지 높거나 험하지도 않고 넓은 들 한길 가운데 불쑥 솟은 모양이 마늘처럼 생겼다 하여 '마늘산'이라 하였다. 사림의 군대가 농민으로서 활도 기계도 갖지 않았으므로 다만 큰 돌만 모아서 적에 대항하였는데 이때 적의 보루는 배모항(排毛港)에서 마늘산과 수리의 거리에서 밤이면 불빛이 서로 비추웠다. 이렇게 가까웠는데도 사림은 꼼짝도 하지 않았고 적은 여러 차례 와서 에워싸고 공격하였지만, 목책에서 수십 보쯤 가까이 오면 산 위에서 돌을 굴렸다.

정약용은 《목민심서(牧民心書)》 '공전(工典)'에 축성, 수성에 대한 논리를 기록하였다. 옛날의 이른바 축성(築城)이라는 것은 토성(土城)을 말한 것이다. 난리를 당하여 적을 방어하는 데는 토성만한 것이 없었

기 때문이다. 그런 까닭에 외적 침입의 경보가 있어서 아침저녁의 변란을 염려할 때는 급히 토성을 수리하여야 한다. 만약 읍치(邑治)를 지킬 수 있다면 그 옛 성을 그대로 수축할 것이고, 만약 지세가 평탄하여 대항하며 방어할 수 없는 것이라면 마땅히 마늘봉(蒜峯)의 한 지역을 택하여 보루(堡壘)를 만들고 성을 쌓아야 한다. 마늘봉은 우뚝하게 높이 솟아서 적군이 내려다볼 수 없는 봉우리를 유서애(柳西厓)가 마늘봉이라고 하였다. 마늘봉이 축성되면 적을 방어하기에 좋은 산세로 기록하고 있다.

3) 신체 부위에 대한 마늘 묘사

이덕무(李德懋)는 《청장관전서(青莊館全書)》에서 그림을 그려보고 그 그림에 대한 느낌을 시로서 표현하였다.

나는 시험삼아 철각새를 그려보았으니	我試遊戲摸鐵脚
얼굴엔 분칠하고 작변엔 빨간 칠 했네	渲染顏色爵弁紫
가늘고 작게 날개며 부리를 그렸으니	細碎幺饢翎觜具
그 구상은 자못 여러 시간을 허비했네	意匠頗能費料理
머리는 마늘 같고 눈은 산초 같은데	頭如顆蒜眼劈椒
종이에서 짹짹 찍찍 소리 나는 듯하네	喈喈噴噴活紙裏
지금 자네를 빼놓고 누구와 감상할 것이냐	伊今鑑賞捨君誰

또 이덕무는 진사왕[陳思王, 중국 삼국시대 위(魏)의 조식(曹植)이 진왕(陳王)에 봉해지고 시호가 사(思)이므로 그를 가리킨 말]의 '작부(雀賦)'에 느낀 감정을

눈은 호초알 같고   眼如劈椒

머리는 마늘통 같네   頭如顆蒜

   그 외에도 이익은《성호사설(星湖僿說)》성월변(星月變) 편에서 선좌나 해, 달과 금·목·수·화·토의 5성의 하늘 궤도가 겹겹으로 둘러싸여서 마늘 껍질이 안팎으로 둘러싸인 것과 같다고 하여 천문에 대한 신지식이 도입된 것을 알 수 있다. 이익은 또 천체의 운행을 표현하기를 솔개나 독수리가 어깨를 솟구쳐 올리고 날개를 곧게 펴고 가는 놈은 반드시 높이 난 연후에 바야흐로 그 세(勢)를 타게 된다.

   높으면 기(氣)의 쌓임이 심히 두꺼워서 마치 깊은 물에 배를 띄우는 것과 같은 모양이다. 하늘을 논하는 자는 하늘이 열두 겹이 있다고 말하며, "일곱 경위성(經緯星)이 안팎으로, 위아래로 윤전하며 바뀌지 않는 것을 보면 징험할 수 있다."라고 하였는데, 이는 특히 나타나 보이는 것으로써 본 것이요, 그 실상은 파나 마늘의 껍질이 몇 겹으로 포개진 것과 같은 것이라고 하였다.

   《세종실록》 중 한국무예사료총서에 병기의 막대기 끝을 쇠나 단단한 나무로 만들되 모양을 마늘 모양으로 하여 공격용 무기의 모습에서도 마늘 모습을 볼 수 있다. 중종 20년(1525년)에 대사헌 김희수가 민중의 고통이 심함을 들어 심한 노역을 늦출 것을 건의하였다. 연산군시대 창덕궁 후원(後苑)에 서총대(瑞葱臺)를 쌓을 때 민중들이 요역(徭役, 국가가 백성의 노동력을 무상으로 징발하는 수취제도)의 대가가 가혹하였던 것을 지칭한다. 서총대(瑞葱臺)는 성종(成宗) 때 후원에서 줄기 하나에 가지가 아홉이나 달린 마늘이 생기므로 '서총'이라 이름하고

사방을 돌로 쌓아 기르며, 그 앞에 연못을 파고 놀이터를 만들었었다. 기이한 마늘이 생긴 것이 국가에 경사스러운 일로 생각하여 그곳에 놀이시설을 만들었지만, 이것이 백성들을 괴롭히고 고통을 주는 시설이 되고 말았다.

《홍재전서》의 '홍재(弘齋)'는 정조의 호로, 정조가 동궁 시절부터 국왕 재위기간 동안 지었던 여러 시문(詩文)·윤음(綸音)·교지 및 편저 등을 모아 편집한 문집이다. 이 문집에서, "상이 이르기를, '의장(儀仗) 가운데 골타(骨朵)에는 웅골타(熊骨朵)와 표골타(豹骨朵)가 있는데, 지금 사람들은 골타가 무엇인지를 전혀 모른다. 송나라 당시에는 천자의 거둥 때에 숙위(宿衛)하는 자들이 골타를 잡고 있었다. 관중(關中) 사람들은 배가 불룩하게 나온 사람을 '고도(胍)'라고 하였는데, 독음(讀音)은 고도(孤都)와 같다. 세속에서 그로 인하여 머리 부분이 큰 지팡이를 고도라고 하였던 것이 나중에 와전되어 골타가 되었다. 이것은 송 경문공(宋景文公)의 《필기(筆記)》에 실려 있는 내용이다.

우리나라의 《국조오례의(國朝五禮儀)》는 《고려사(高麗史)》 예지(禮志)에 바탕을 두고 있는데, '고려조의 의물(儀物)이 대부분 송나라의 것을 모방하였으니, 그 유래가 오래된 것이다.' 하였다. 골타(骨朵)는 고대(古代) 병기(兵器)의 일종으로 마늘 모양의 머리가 달려 있는데, 후세에는 천자나 왕의 의장(儀仗)으로 쓰였다.

이규보(李奎報)의 《동국이상국집(東國李相國文集)》에 수록된 고율시(古律詩) 중에는 주렴에 다는 갈고리를 은(銀)을 가지고 마늘 모양으로 만들었기 때문에 은산(銀蒜)이라고 하며 반짝거리는 은고리가 바람에 흔들리는 모습을 시로서 그리고 있는 두 편의 시가 있다.

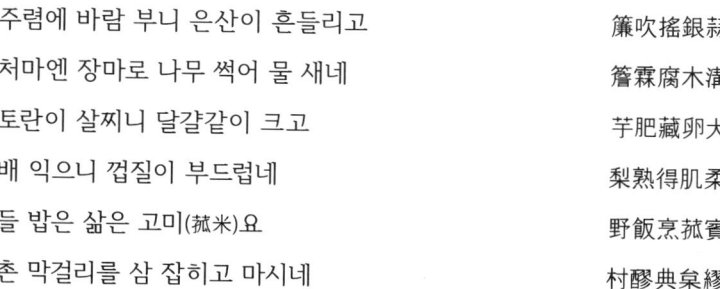

주렴에 바람 부니 은산이 흔들리고 　　　　簾吹搖銀蒜

처마엔 장마로 나무 썩어 물 새네 　　　　簷霖腐木溝

토란이 살찌니 달걀같이 크고 　　　　　芋肥藏卵大

배 익으니 껍질이 부드럽네 　　　　　　梨熟得肌柔

들 밥은 삶은 고미(菰米)요 　　　　　　野飯烹菰寶

촌 막걸리를 삼 잡히고 마시네 　　　　　村醪典枲繆

구름에 닿을 듯한 큰 저택 색채도 현란한데 　連雲甲第金碧眩

은산 드리워진 발 절반쯤 걷혔으며 　　　　銀蒜垂垂簾半卷

침향 연기에 노래하는 목청 메이고 　　　　沈香烟底咽笙歌

미인의 미소는 남은 추파 보내는 것 　　　　美人微笑流餘眄

가득 따른 술잔에 술구더기 떠 있는데 　　　十分蘸甲撥浮蟻

주인은 권하고 손은 흠뻑 취했으며 　　　　主人起壽客霑醉

이슬에 젖은 꽃 향기 쟁반에 그득한데 　　　露濕濃香花滿盤

꽃과 미인 서로 고와라 　　　　　　　　花枝人面嬌相媚

4. 열녀의 금기 식품 마늘

　열녀는 어느 나라 어느 시대에나 있는 법이다. 그러나 귀천상하를 막론하고 미망인이 되면 마땅히 수절을 하여야 하고 위난을 당하면 목숨을 바쳐 정조를 지키는 것이 부녀자의 도리로서 정착된 것은 조선시대의 일이다.

열녀문

　물론 그 이전에도 우리나라 여인 특유의 정절 윤리(貞節倫理)의 흔
적은 단편적인 설화나 민담에서 그 실마리를 찾아볼 수 있다. 그러나
《삼국지》 위서 '동이전(東夷傳)'이나 《수서(隋書)》 '고구려전' 및 《삼국유
사》·《고려사》와 같은 믿을만한 문헌을 통해볼 때, 삼국시대 이후 고
려시대까지의 전반적인 부녀 생활은 매우 자유롭고 활달하였던 것으
로 여겨진다. 남녀 관계는 심지어 자유분방하기까지 하였으며, 수절
이 미덕시되거나 재가(再嫁)가 죄악시되지는 않았던 것으로 추정된다.
　그러던 것이 조선 건국 이후 점차 주자학적 예속에 물들어가 '여필
종일(女必從一)'이 지상계율로 권장되고 수절이 강조되기 시작하였다.
전통사회의 가족제도는 철저한 가부장제 하에서 부모를 중심으로 영
위되었다. 또한, 혼인의 의미가 남녀 간의 사랑의 결합이기보다는 부
모를 섬기고 조상의 제사를 받드는 데 있었으며, 본인의 의사와는 무
관하게 부모에 의하여 가문 위주로 결정되었다.

열녀의 조건에는 정절을 지키는 것 외에도 고기, 생선, 술, 파나 마늘과 같은 훈채 심지어 과실을 먹지 않은 소식(素食) 기록이 있으며, 옷도 화려한 것은 입지 않고, 행동도 조심스러워 웃거나 남과 크게 이야기하는 것조차 규제 대상이 되었다. 남편이 병사하였거나 물에 빠져 죽었거나 왜구(倭寇)에 끌려가 소식이 없을 때도 재가를 하지 않거나 거부함으로써 열녀라는 칭호를 얻고, 가문의 자랑거리로 남게 되었다.

《동국여지승람》에 수록되어 있는 무주(茂朱)의 열녀 양씨는 남편이 죽자 그 관을 끌어안고 통곡하면서 떠나지 않았다. 부모가 억지로 떼어 놓으면 또 가서 안고 울었다. 때마침 비가 와서 집 앞 강에 물이 불어나자 양씨는 강물에 몸을 던졌다. 조카들이 달려들어 건져내었으나, 결국에는 남몰래 자기 방에서 목매어 자결하고 말았다고 전한다.

이러한 절사(節死)의 행동은 오늘날의 관점에서는 이해하기 어렵지만 당시 여인들의 통념에서는 하나의 미덕 또는 도리로서 자리 잡고 있었다. 이러한 사례가 전통사회에서 적지 않게 발생하게 된 이유는 당시의 제도적·문화적 상황과 직접적으로 연관된다.

심지어 명종 때는 정결 사상을 칭찬하며 세상에 알리고 요역(徭役) 부담을 감면해 주면서 권하기를 "고기로 만든 음식은 억지로 권하기 어렵지만, 파나 마늘은 곧 채소이니, 그런대로 먹어서 기력을 부지하도록 하라." 하자, 이런 행위가 자신의 뜻을 훼절하는 것이라 하고 삶의 의미를 잃는 경우도 있었다.

《신증동국여지승람(新增東國輿地勝覽)》에는 이런 열녀에 대한 내용이 많이 기록되어 주변 사람들이 모두 칭송하였다는 것을 볼 때 사회 전체가 여성의 삶을 틀에 따라 결정하는 풍조가 만연하였다고 볼 수 있다.

5. 마늘과 금기

금기 식품이란 식생활에 있어서 해로움을 미연에 방지하기 위하여 피하는 식품이라고 할 수 있다. 우리나라는 예로부터 종교적인 영향, 또는 오랜 경험에 의하여 체득된 금기 식품이 있었을 것이나 문헌상의 구체적인 기록은 고려시대의 《향약구급방》에 보이고 있는 "복약 중의 금기 식품"이 처음인 듯하다.

조선 후기로 오면 《규합총서(閨閤叢書)》·《부인필지(夫人必知)》 등에서, 약 먹을 때의 금기 식품과 일상식에서 피하여야 될 식품, 음주 뒤의 금기 식품, 임신 중의 금기 식품, 상극 식품으로 대별된 보다 체계적인 기록을 살필 수 있다. 현재 우리의 식생활 습관은 대체적으로 조선 후기의 영향이 많이 이어진 것이다. 조선시대의 금기 식품을 살펴보면 다음과 같다.

약을 먹을 때의 금기 식품은 대개 고려시대의 《향약구급방》의 것이 조선시대로 이어졌다. 먼저 약을 복용할 때에는 생(生)·냉(冷)·유활(油滑)한 식품을 금하라고 하였다. 여기서 생이란 익히지 않은 식품, 냉이란 성질이 찬 상추·메밀 같은 것, 유활이란 참깨 등과 같이 기름기가 많은 것을 가리킨다. 또, 약을 복용할 때에는 돼지고기·닭고기·쇠고기와 비늘 없는 생선 및 마늘·고수풀·콩·팥·무·미역·과일을 먹지 말라고 하였다. 이 밖에 약재로서 출(朮)이 있으면 복숭아·오얏·마늘을 먹지 않는다.

《규합총서》에는 '금기 식품'이라는 항목에 위에 든 내용 외에도 다음과 같은 상극 식품이 있다. 파두(巴豆)·황련(黃連)·길경(桔梗)은 돼

지고기, 목단은 자총(慈葱), 양기석(陽起石)은 양고기, 우슬(牛膝)은 쇠고기, 황정(黃精)은 매실, 오두(烏頭)·천웅(天雄)은 고즙, 계피·계지는 날파, 맥문동은 생선, 후박은 콩과 팥, 창이(蒼耳)는 돼지고기, 건칠(乾漆)은 기름붙이, 구기자는 인유와 타락, 용골은 생선, 사향은 마늘을 각각 꺼린다고 되어 있다.

홍만선(洪萬選)은 《산림경제(山林經濟)》에서 약 먹을 때 금해야 할 일과 음식은,

- 약을 복용할 때에는 생호유(生胡荽)와 마늘·과실·돼지고기·개고기·비갱(肥羹 기름진 국)·어회(魚膾) 등을 먹어서는 안 된다. ─《증류본초》
- 연화(蓮花)는 지황(地黃)과 마늘을 금기한다.
- 사향(麝香)은 마늘 먹는 것을 금한다.
- 목단피는 마늘을 금기한다고도 한다.
- 지황(地黃)이 든 약에는 파·마늘·무를 먹지 말아야 한다.
- 백출(白朮)이나 창출(蒼朮)이 든 약에는 마늘·호유(胡荽)·복숭아·오얏·참새·조개·청어·초를 먹지 말아야 한다. 복숭아를 먹으면 죽기도 한다.
- 마늘을 뜰 안에 심지 마라.
- 마늘이나 파뿌리를 아궁이에 넣으면 안 된다.
- 개고기와 마늘을 함께 먹으면 사람에게 해롭다. ─《신은지》

약을 먹을 때는 감각기관에 지나치게 자극적이어서 약의 효능을 주체가 되지 못하게 하는 식품들을 멀리하게 했다. 또 신체에 들어

와서 성정을 흔들거나 극성이 큰 식품을 금기시한 듯하다. 여기에는 술·초(醋)·오신(五辛, 다섯 가지의 자극성이 있는 채소), 누린내(羶)·비린내(腥)·사향(麝香) 등의 냄새를 싫어한다고 옛 문헌에 기록되어 있다.

－《거가필용》·《사시찬요》·《한정록》

허균(許筠)의 《성소부부고(惺所覆瓿藁)》 한정록 섭생(攝生) 편에서 "너무 성내면 기운이 손상을 입고 생각을 많이 하면 정신이 손상된다. 정신이 피곤하면 마음이 부림을 당하고, 기운이 약하면 병이 서로 침범한다. 너무 슬퍼하거나 기뻐하지 말고 음식은 언제나 고르게 먹어야 한다. 두 번 세 번 삼가서 밤 술 취하지 말고, 새벽에 성내는 일을 가장 조심하라. 저녁에 잘 때 운고(雲鼓)를 울리고, 새벽에 일어나 옥진(玉津, 침을 말함)으로 양치질하면 요사(妖邪)가 몸에 덤비지 못하고, 정기(精氣)가 자연 충만할 것이다.

모든 병마에서 벗어나고 싶거든 언제나 오신(五辛, 부추·마늘·자총이·평지·무릇의 5가지 매운 향신료) 먹기를 삼가라. 정신을 편안히 하고 마음을 기쁘게 하며 기운을 아껴 화순(和純)을 보전하라. 누가 수요(壽夭)를 운명이라 하는가. 그것을 가꾸기는 사람에게 달렸으니 그대 능히 그 이치를 존중한다면 평지에서 진군[眞君, 도교(道敎)에서 말하는 우주의 주재자, 즉 조물주]을 뵐 수 있을 것이다." －《현관잡기(玄關雜記)》

홍만선(洪萬選) 《산림경제(山林經濟)》 섭생(攝生)편에서도 "음식은 사람의 성명(性命)에 관계된 것이니, 어찌 끊을 수야 있겠는가. 요는 자미(滋味)를 담박하게 하고, 비농(肥濃, 살지고 기름진 것)을 취하지 않으

며, 구박(炙煿, 불에 굽거나 말린 것)을 끊고 살생(殺生)을 경계하며, 훈채(葷菜)를 멀리하고 나서 음식을 조절하여 장부(臟腑)로 하여금 맑고 화통하게 하면 충기(沖氣, 원기(元氣))가 조화된다."   -《수양총서》

옛 문헌의 섭생에서 권하는 것을 보면 마음을 바르게 하고 희노애락에 너무 흔들리지 않을 것을 음식의 금기와 함께 논하고 있다. 금기 음식을 보면 마음과 함께 몸을 바르게 하는데 나쁜 영향을 주는 식품을 경계하도록 하여 심신을 정결해야 한다고 권하고 있다. 그래서 금기 식품이란 것이 마음의 중심을 지키는 데 방해가 되는 것들로 특히 마늘과 같은 훈채들이 치약(治藥)에서도 제례의식에서도 기피 식품으로 자주 등장한다.

6. 불교와 마늘

1) 사찰 음식

사찰 음식은 절 음식이라고도 불리는데, 육식(肉食)과 인공 조미료를 전혀 넣지 않는 채식(菜食) 음식이다. 불교의 기본 정신을 바탕으로 하여 소박한 재료를 가지고 자연의 풍미를 살려 독특한 맛을 내고, 음식은 끼니때마다 준비하며, 반찬의 가짓수는 적게 만든다.

소승불교권인 남방 국가에서는 탁발(托鉢)을 하여 식사를 하므로 사찰에서 음식을 만들지 않고, 대승불교권인 한국·중국·일본에서는 사찰음식이 발달하였다. 불교 수용 초기에 승려들이 산속이나 동굴

에서 살면서 탁발하여 하루 한 끼만 먹고 지낼 때는 가리지 않고 아무 음식이나 먹다가 1세기 전후부터 점차 소식(素食)을 하게 되었다. 이후 대승불교가 흥성하면서 우유를 제외한 일체의 동물성 식품과 술과 오신채(五辛菜 : 마늘·파·달래·부추·흥거)를 금하게 되었다. 《열반경(涅槃經)》에 육식이 자비의 종자를 끊은 것이라 하였고, 《범망경(梵網經)》에 오신채를 날로 먹으면 성내는 마음을 일으키고 익혀 먹으면 음심(淫心)을 일으켜 수행에 방해가 된다고 하였다.

대부분의 사찰에서는 떡·장아찌·부각·김치 등을 잘 만들고, 평상시 찬은 두부·버섯과 산채로 만든 나물, 전 등이다. 음식에 오신채를 넣지 않고 다시마·버섯·들깨·날콩가루 등의 천연 조미료와 장류를 이용하여 짜거나 맵지 않게 맛을 낸다. 육식을 금하는 불가에서는 병이 든 비구에 한해서 삼종정육(三種淨肉)·오종정육(五種淨肉)·구종정육(九種淨肉)은 허락한다.

2) 오신채와 사찰 음식

우리나라에서는 스님들이 생선이나 육류 등의 고기를 먹지 않는 것으로 일반인들에게 인식되어 있다. 그러나 엄밀하게 말하면 우유를 제외한 일체의 동물성 식품과 술과 오신채(五辛菜)라고 하는 다섯 가지 매운맛을 내는 채소인 파, 마늘, 부추, 달래, 흥거는 금하여 스님들이 먹지 않는 식품이다. 《입능가경(入楞伽經)》에 술과 고기와 파, 마늘, 부추는 '성도분(聖道分)을 가로 막는다' 하여 '오신채와 술과 고기를 일련의 냄새나고 더럽고 부정한 것으로 다루고 있다.

오신채(五辛菜)란 마늘, 부추, 파, 달래, 흥거(우리나라에서는 나지 않는 것으로 마늘 냄새가 난다고 한다)로 자극성이 강한 다섯 가지 식물을 지칭한다. 이 오신채는 자극이 강한 채소로 날것으로 먹으면 화를 잘 내게 하여 수행을 방해하고, 익혀서 먹으면 음란한 마음을 일으키기 때문에 불가에서는 금기하는 채소다. 이런 내용은 또 불교 경전이나 율장에서도 잘 나타나고 있는데, 대표적으로 《능엄경》에서는 "중생들이 선의 삼매를 구하려면 세간의 다섯 가지 신채를 끊어야 하나니 이 오신채를 익혀서 먹으면 음심을 일으키고 생으로 먹으면 분노를 더하느니라."라고 설하고 있다.

이 오신채의 특성을 보면 외떡잎식물 백합목 백합과의 일종이다. 또한, 기본적으로 같은 효능을 지니고 있으며 이 효능은 혈액순환을 촉진시켜 주고 성적 에너지를 강하게 한다. 사찰 음식 특성상 수행을 하는 수행자들이 먹는 음식이거나 몸과 마음을 수양하는 사람들이 먹는 것이기 때문에 수행에 도움이 되고자 이 오신채를 금하고 있는 것이다. 이러한 이유로 사찰 음식의 특징은 오신채를 사용하지 아니하며, 화학조미료 대신 우리가 흔하게 얻을 수 있는 것(다시마, 버섯 등)을 이용하기 때문에 화학조미료에 익숙해진 일반인들은 다소 밋밋한 맛을 느낄 수 있긴 하나 깔끔 담백한 맛을 내기 때문에 더욱 찾는 음식이기도 하다.

《범망경(梵網經)》에 오신채란 "대산(大蒜)과 혁총(革蔥)과 자총(慈蔥)과 난총(蘭蔥)과 흥거(興渠)이다."라고 하였다. 《수능엄경(首能嚴經)》에는 "모름지기 세간의 오신채를 끊어야 한다. 이러한 다섯 가지 식품은 익혀 먹으면 음욕을 일으키고, 날것을 먹으면 성내는 마음을 증대시킨다."라고 하여 수행에 방해가 됨을 지적하고 있다. 《본초강목》에

서는 "산(蒜)을 날로 먹으면 원한과 노여움이 발동하고, 삶아서 먹으면 음(淫, 음란함)이 생겨 성령을 해치므로 불교와 도교에서 다같이 훈(葷)을 삼간다."라고 하였다.

3) 오신채(五辛菜) 중 흥거(興渠) 혹은 무릇에 대하여

오신채에 대해 완전한 언급을 한 최초의 경전은 아마 《범망경(梵網經)》의 노사나불설보살심지계품제십(盧舍那佛說菩薩心地戒品第十)의 다음과 같은 구절에서 일 것이다. 우리가 알고 있는 오신채와 위의 경문을 비교해 보면 다음과 같다.

대산(大蒜, 마늘), 혁총(革蔥, 파), 자총(慈蔥, 달래), 난총(蘭蔥, 부추), 흥거(興渠, 무릇)는 마늘을 제외한 다른 세 가지도 의견이 분분하지만 특히 흥거에 대해서는 서로 다른 주장들이 많이 보인다. 그 주장들을 살펴보면 3가지가 있다.

① 흥거는 무릇을 말한다.(우리나라에서 난다.)
② 흥거는 무릇이 아니고 중국에서 나고 우리나라에 나진 않는다.
③ 흥거는 인도에서 나고 우리나라에 나진 않는다.

'흥거가 무릇'이라고 하는 주장은 생소한 흥거를 쉽게 설명하기 위한 방편이라고 생각하며, 흥거가 중국에 나는 식물인가에 대한 의문도 중국에서조차도 의문을 가지고 있다. 흥거가 인도에서 나는 식물이고, buddah를 불타(佛陀)라고 표현했던 것처럼 흥거(興渠)도 산스크리트어를 소리나는 대로 표기한 것은 아닌가 추측해볼 뿐이다.

다음은 비교해 보기 위하여 찾은 무릇과 leeks에 대한 이미지이다.

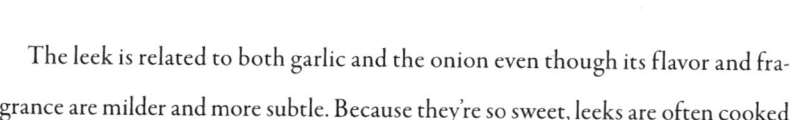
The leek is related to both garlic and the onion even though its flavor and fragrance are milder and more subtle. Because they're so sweet, leeks are often cooked and served as a side vegetable.

Leeks는 향과 맛이 부드럽고 순하지만 마늘과 양파와 관련이 있다. 맛은 약간 단맛을 가지고 있다. 그러나 흥거가 무릇도 아니고 영어 leeks가 아닐 수도 있다.

"그럼 오신채에 빠진 생강, 겨자, 양파 같은 것은 먹어도 된다는 말일까?"라고 생각해 본다면 경전에서 언급한 오신채란 마늘, 파, 달래, 부추, 흥거만이 아니라 '심신의 안정을 해치는 것들에 대한 비유라고 알아야 되는 것은 아닐까' 하고 추측해 볼 수 있다.

흥거(무릇)는 백합과의 여러해살이풀이다. 파, 마늘과 비슷한데 봄에 비늘줄기에서 마늘잎 모양의 잎이 두세 개가 난다. 초가을에 잎 사이에서 30cm 정도의 꽃줄기가 나와서 엷은 자주색 꽃이 총상(總狀) 꽃차례로 많이 피고 열매는 삭과(蒴果)를 맺는다. 어린잎과 비늘줄기는 식용한다. 밭과 들에 저절로 나는데, 구황식물로 아시아 동북부의 온대에서 아열대까지 널리 분포한다.

흥거는 한의학에서는 비늘줄기를 말린 것으로서 젖앓이, 타박상 따위에 쓴다. 여기서 흥거를 무릇이라고 하는 이유는 우리나라에서는 전혀 나지가 않고 흥거라고 하기엔 쉽사리 알지 못하기 때문에 무릇이라고 표기한 것 같다.

4) 불교문화의 퇴폐

배불주의(排佛主義)를 내세운 조선은 고려에서 폐단이 심하였던 불교를 교(敎)·선(禪) 양종으로 통합하고, 사찰의 수효를 대폭 줄이는 동시에 사원의 토지와 노비를 몰수하여 불교의 사원 경제를 약화시키고, 도첩제(度牒制)를 실시하여 승려의 수를 제한하였다. 그러나 국가와 왕실의 안녕을 축원하는 종교 행사는 그대로 존속시키면서 불교 경전을 새로이 간행하고 언해(諺解)에 힘썼다. 고려시대에 전성의 극에 달하던 불교가 조선시대에 와서는 그 상황이 완전히 달라졌다. 건국 초부터 유교 국가의 기초를 확립하기 위한 계획적인 불교 정비 사업이 진행되었는데, 그것은 국가의 재정과 인적인 자원을 확보하려는 현실적인 요구에서 일어났던 것이며, 결코 사상적인 극복에서 일어난 것은 아니었다. 즉 유학 자체를 진흥하려는 적극적인 사상운동이었다기보다는 오히려 불교의 현실적인 폐단인 경제적 세력을 몰수하는데 주요한 목적이 있었다.

《동사강목(東史綱目)》에 "불교는 청정(淸淨)하여 탐욕을 끊어 버리는 것인데, 지금 신역(身役)을 피하는 무리들이 이름을 불문(佛門)에 의탁하고 돈을 벌어서 생활을 도모하려고 농사를 짓고 가축을 기르는 것이 본업이 되고, 장사하는 것이 풍습이 되어 한편으로는 계율의 법문(法文)을 어기고 다른 한편으로는 청정(淸淨)을 멀리하였다. 어깨에 걸치는 승복으로는 술동이를 덮고, 불법을 강(講)하는 마당은 파와 마늘을 심고, 화원(花苑)은 떠들썩하고 난분(蘭盆)은 지저분한데 절을 수리한다고 빙자하여 기를 꽂고 북을 치고 노래하고 나팔을 불면서 여염에 들락날락하고 시정에 왔다갔다하다가 사람과 싸워서 피투성

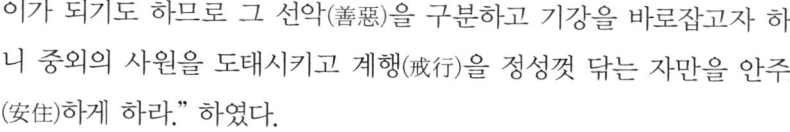

이가 되기도 하므로 그 선악(善惡)을 구분하고 기강을 바로잡고자 하니 중외의 사원을 도태시키고 계행(戒行)을 정성껏 닦는 자만을 안주(安住)하게 하라." 하였다.

불교가 실제로 세속화되어 현실적 폐단 때문에 조선의 개국 정신에 배불숭유가 국시가 되었는지 국가의 경제적 목적을 위하여 정해졌는지 불명하나 위의 《동사강목》이나 《고려사절요》에 기록된 내용을 보면 일부 사찰에서 벌어지고 있는 일들은 지탄을 받을 수밖에 없었을 것이다.

《오주연문장전산고(五洲衍文長箋散稿)》는 19세기의 학자 이규경(李圭景, 1788~1863)이 쓴 백과사전 형식의 책으로 종교에 대한 의견을 기록하여 본인의 평가를 붙였다

서장(西藏) 홍교[紅教, 서장 라마교(喇嘛教)의 일파인데, 붉은 색깔의 옷을 입기 때문에 홍교라 한다. 서원(西元) 747년에 인도(印度)의 유명한 학자 연화생상사(蓮花生上師)가 초빙을 받고 서장으로 가서 열심히 포교하여 보리심(菩提心)을 호지(護持)하는 것으로 주지(主旨)를 삼고 또 신통력(神通力)으로 서장의 무귀파(巫鬼派)를 감화시켰으므로 서장 사람들이 모두 그를 높여 구세주(救世主)로 삼아 서장에 불교의 기반이 정착되었고 그 뒤에 서장의 왕은 연화생상사를 추존하여 국교(國教)의 개조(開祖)로 삼았다]·황교[黃教, 서장 라마교(喇嘛教)의 일파인데, 누른 색깔의 옷을 입기 때문에 황교라 한다. 그 개조(開祖)는 종객파대사(宗喀巴大士)인데, 선도(善道)로 사람을 교화시켜 충효(忠孝)를 힘쓰고 경쟁(競爭)을 지식시키는 것이 종지(宗旨)이다]의 변증설(고전간행회본 권 53) 이규경(李圭景) 1977년

"그러나 촉침[促侵, 옛 이름은 대금천(大金川)]·잠랍[揷拉, 옛 이름은 소금
천(小金川)] 지방의 추장(酋長)이나 대중들은 모두 라마[喇嘛, 중국 말로는
번승(番僧)이다]에게 명령을 받았다. 당(唐) 나라 때 회홀[回鶻, 서역(西域)
의 부족 이름]의 가한[可汗, 회홀 부족의 임금 칭호]은 마늘을 먹는 마니교
[摩尼敎, 파사(波斯)의 마니가 만든 종교]와 한 나라 안에 공존하였는데, 이
교가 홍교보다 훨씬 낫다.

삼교(三敎)가 정립(鼎立)해 오다가 점차 결렬되어 지금은 겨우 그 이
름만 있을 뿐이다. 그 사실을 따진다면 모두가 근본적인 교가 되지
못한 때문이다. 세 교 이외에도 회회교(回回敎)와 채식(菜食)을 하며
마두(魔頭)를 섬기는 교와 교문교[敎門敎, 석가모니 일대의 교설을 자기네
종파의 입장에 맞춰서 분류한 교판(敎判) 즉 이론적인 교리 조직이다.]와 야소교
(耶蘇敎)가 있고, 또 홍·황 두 교가 있는가 하면 서천축(西天竺)의 바
라문교[婆羅門敎, 인도(印度) 최고의 종교인 폐타교(吠陀敎)에서 근원하여 폐타경
전의 가송(歌頌)과 경전상의 철리(哲理)를 전의(詮議)하고 범천공양(梵天供養)의 작
법을 말한 이지명사(理智冥想)의 고대(古代)의 종교이다.]까지도 중원에 들어왔
으니, 그 숫자를 헤아리면 무려 천여 종이나 된다. 우리 유교(儒敎)를
제외하고는 다 외도(外道)이며 사술(邪術)이다. 지금 온 천하에 꽉 차
있는 것은 전혀 외도이며 사술인데 이른바 정도(正道)가 끊이지 않고
실오라기처럼 일맥만이라도 보존되어 있는 곳은 중원과 우리나라뿐
이다.

채식(菜食)을 하며 마두(魔頭)를 섬기는 교는 송대(宋代)에 절동(浙
東)과 절서(浙西)에서 유행하던 사교(邪敎)로 한 사람을 마두(魔頭)로
하고 여럿이 일당을 만들어 마두를 섬기는데 모두 채식만 하고 파나

마늘 같은 것은 먹지 않으며 만약 한 사람에게 무슨 일이 생기면 일당이 모두 힘을 합쳐 돕는다."

이규경(李圭景)의 사교(邪敎)의 배척에 관한 변증 기록이 《오주연문장전산고(五洲衍文長箋散稿)》에 수록되어 있다.

"끽채사마(喫菜事魔)는 후한(後漢) 사람 장각(張角)과 장연(張燕)이 천사(天師)에 의탁하고 도릉(道陵)을 원조(遠祖)로 삼는 교(敎)이다. 제주(祭酒)를 두고 병을 고치는데 다섯 말의 쌀을 내면 병이 마침내 완치되었으므로 오두미도(五斗米道)라고도 한다. 그들의 비행이 점점 성행하면서부터 고을을 협박 약탈하였다. 그들이 지금에 와서는 채소만 먹고 마왕(魔王)을 섬기는데(喫菜事魔), 밤이면 모였다가 새벽에 흩어지는 자들이 바로 그들이다.

무릇 마왕에게 절을 할 때는 반드시 북쪽을 향해서 하는데, 이는 장각(張角)이 처음에 북쪽 지방에서 일어났기 때문이다. 절하는 것을 보면 족히 그들이 높이는 바를 알 수 있다. 그들이 평시에 행하는 것을 살펴보면 술과 고기를 먹지 않고 야윈 것을 좋아하며 조용한 것을 즐긴다. 선(善)을 행하는 데 뜻을 둔 사람은 남녀 구별 없이 농사나 길쌈을 하지 않는다. 섣달이 되면 이들이 난(亂)을 꾸미기 때문에 국가의 법금(法禁)이 매우 엄하여, 이를 범한 자의 가족도 정상을 알고 있었다면 먼 곳에 유배시키고 관(官)에서 재산을 몰수한다. 근래에 이를 믿는 자들이 더욱 많아졌는데 처음에는 복건(福建)에서 시작하여 온주(溫州)까지 이르더니 마침내 이절[二浙, 절동(浙東)·절서(浙西)]까지 이르렀다. 그들의 교법(敎法)은 훈채(葷菜)와 술을 끊고 귀신이나

부처 및 조상을 섬기지 않으며 손님을 맞지 않는다.

《오주연문장전산고(五洲衍文長箋散稿)》인물편에는 김생(金生)에 대한 변증으로 인물론을 기록하였다. "김생은 5세 때부터 풍월(風月) 두 글자를 배우면서 굵직한 싸리나무로 모래밭 위에다 썼고 6~7세부터는 불경(佛經) 2권을 부지런히 쓰기 시작하여 20세에 서법(書法)을 대성(大成)하였다. 그때 일본(日本)의 중 혜담(惠曇)도 글씨에 능하였는데, 신라에 와서 김생의 글씨를 보고 매우 기이하게 여기면서 왕우군이 강북(江北)에 건너가 있을 때 썼던 진적(眞蹟)을 주었다. 그는 그 뒤부터 우군의 글씨에만 전력하여 밤에는 큰 글자를 쓰고 낮에는 작은 글자를 써서 명성이 이웃 나라에까지 진동하였고 또 불교를 좋아하여 재소(齋素, 고기와 파·마늘 따위를 먹지 않는 것)를 지켰다.

7. 놀이와 마늘

1) 풀각시놀이(閣氏戲)

봄철에 여자아이들이 지랑풀이나 각시풀 또는 무릇이나 진풀 같은 풀을 가지고 각시 인형을 만들어 노는 놀이다. 풀각시놀이라는 명칭은 풀을 가지고 각시 인형을 만들고 논다는 데서 온 말이다.

인형의 기원에는 종교성 또는 주술성뿐만 아니라 상당히 일찍부터 장난감으로써 요소도 있었던 것으로 보인다. 그러나 인형은 처음에는 어느 것이나 모두 간소한 구성으로, 행복을 부르고 재액(災厄)을 쫓는 신앙적인 의미로 만들어진 것으로 보고 있으며, 이러한 인형

은 세계 각지에 존재한다. 한국에서도 이미 오래전부터 인형을 만들어 놀았을 것으로 여겨진다. 풀각시에 대한 자료는 《오주연문장전산고(五洲衍文長箋散稿)》와 《동국세시기(東國歲時記)》에서도 찾을 수 있는데, 여기에 "아가씨들이 푸른 풀을 뜯어다가 머리채를 만들고 나무를 깎아 그것을 붙인 다음, 붉은 치마를 입히는데, 이를 각시라 한다. "이부자리와 침병(枕屛)을 쳐놓고 놀기도 한다." 하였다.

각시 인형을 만드는 재료는 지역마다 조금씩 차이가 있기는 하나, 풀을 가지고 각시 머리를 만드는 것은 모두 동일하다. 대략 한 뼘 정도의 수수깡이나 대나무, 껍질 벗긴 나뭇가지를 몸통으로 삼아 준비한다. 그리고 담장 밑이나 밭두렁에 자란 지랑풀이나 각시풀 또는 무릇의 잎을 필요한 양만큼 뜯어 머리카락으로 마련한다. 이 풀을 끓는 물에 살짝 데치거나, 손으로 비벼서 숨을 죽여 부드럽게 만든 다음, 가지런히 추려 몸통으로 준비한 대의 상단(上端)에 실로 묶어 머리처럼 곱게 만든다. 그러면 머리채처럼 늘어지게 되는데, 이것을 머리처럼 땋아서 처녀를 만들기도 하고, 또 쪽찐 머리에 비녀를 꽂은 각시로 만들기도 한다. 더 잘 만드는 경우에는 팔을 만들어 치마와 저고리를 입혀 제대로 각시인형을 만들기도 한다. 풀각시가 완성되면 또 다른 신랑(新郎)인형을 만들고, 대례상(大禮床)을 차린 후 서로 절을 시키며 혼례를 올린다. 신방(新房)을 차리고, 흙 음식을 담은 사금파리 같은 것으로 음식상(飮食床)을 차려 서로 나누어 먹는 시늉을 하면서 논다.

풀각시놀이

　황해도와 평안도 지역에서는 각시놀이라 하여 계집아이들이 여름
철에 각시풀과 수수깡으로 각시를 만들어 논다. 한 뼘씩 자란 각시
풀을 한 움큼 뜯어다가 손으로 비벼서 숨을 죽여 머리카락처럼 가늘
게 만들고, 풀의 밑쪽을 실로 묶어서 각시 머리카락을 만든다. 수수
깡을 한 마디 잘라서, 한쪽 자른 곳의 속을 파내고 여기에 각시풀 묶
음을 박은 다음, 세워서 머리를 땋아 댕기를 드리거나 쪽을 짓는다.
경남에서는 마늘의 줄기를 잘게 찢어서 머리를 땋고 풀각시 모양 낭
자를 트는 마늘각시만들기 놀이도 있었다.

　경기와 충남에서는 풀각시라 하여 만들어 논다. 3월이 되면 양지
쪽 울 밑에는 각시풀이 파릇파릇 자라서 한 뼘 가량 된다. 소녀들은

젓가락 길이만 한 나뭇가지에다 각시풀을 뜯어다 실로 매고 뒤로 젖혀서 두 갈래나 세 갈래로 땋아서 풀각시를 만든다. 각시풀을 땋은 것도 마치 소녀의 소담한 머리채 같으며, 여기에 고운 천으로 저고리와 치마를 만들어 입혀서 인형을 만든다.

세시놀이는 대개 풍년을 기원하고, 사악한 악귀를 물리치며, 액을 막고 복을 부르는 신앙적 의미를 지니고 있다. 단순한 놀이도 이렇듯 일정한 시기에 행하는 세시놀이가 되고 보면 주술성과 신앙성이 가미되면서 더욱 확고한 전승력을 확보하게 되는 경우가 많다. 풀각시놀이는 단순한 인형 만들기 놀이이면서도, 통과의례 중 혼례라고 하는 앞날의 일을 미리 기대하고 꾸며보는 모방 주술성이 짙은 여아들의 놀이라고 할 수 있다. 이와 같은 유희는 세계 여러 민족에서 찾아볼 수 있다. 아이들은 이렇게 그 사회의 생업이나 의례를 흉내 내는 놀이 활동을 통하여 새로운 기능을 획득하고, 사회의 관습을 익히게 된다.

2) 난로회(煖爐會)

옛날 중국의 풍속에 음력 10월 초하룻날이면 난롯가에 둘러앉아 주연(酒宴)의 모임을 가졌던 고사를 모방하여 좋은 술과 안주를 받들어 전하면서 연운(聯韻)의 시구(詩句)를 곁들여 보냈다. 음력 10월인 겨울의 놀이로 전골냄비에 쇠고기를 비롯한 여러 재료를 담고 육수를 부어 끓인 음식을 둘러앉아 먹던 풍속이다. 예전에는 숯불을 지핀 화로를 가운데에 놓고 번철을 올려 쇠고기에 기름, 간장, 파, 마늘, 고춧가루로 조미하여 굽거나 볶아서 둘러앉아 먹었는데 이를 난로회(煖爐會) 혹은 난회, 난란회(煖暖會) 혹은 철립위(鐵笠圍)라고도 한

다. 번철은 전을 부치거나 고기를 볶는데 쓰는 무쇠 그릇으로 전철 (煎鐵)이라 하는데 갓을 엎어 놓은 듯한 모양이라고 한다. 전골은 이 난로회에서 유래했으며, 날씨가 추워지는 이때부터 먹는 음식으로 추위를 막는 시절 음식이다. 쇠고기는 등심이나 안심을 준비해 얇고 넓적하게 썰어 준비하고 간장에 설탕, 다진 파, 마늘, 깨소금, 참기름, 후춧가루, 배, 식초를 넣고 고루 섞은 양념장을 고기에 부어 하룻밤 정도 재어 두었다가 틀에 굽는다.

박지원은《연암집》'만휴당기(晩休堂記)'에서 벗과 함께 눈 내리던 날 화로를 마주하고 고기를 구우며 난로회를 가졌는데 온 방 안이 연기로 후끈하고 파와 마늘 냄새, 고기 누린내가 몸에 배었다고 한 것을 보면, 오늘날의 고깃집과 풍경이 비슷하였던 듯하다.

난로회는 18세기 무렵 한양에서 크게 유행하였다. 난로회에서 고기를 구워 먹으면서 시원한 냉면을 먹는 장면이 등장하는데 현재 본다 해도 그 장면은 낯설지 않은 그림이었을 것이다. 정약용(丁若鏞)이 관서지방의 음식문화를 다음과 같은 시로서 표현하였다.

시월 들어 서관에 한 자 되게 눈 쌓이면	西關十月雪盈尺
이중 휘장 폭신한 담요로 손님을 잡아두고는	複帳軟氈留欸客
갓 모양의 남비에 노루고기 구워놓고	笠樣溫銚鹿臠紅
무김치 냉면에다 송채무침 곁들인다네	拉條冷麪菘菹碧

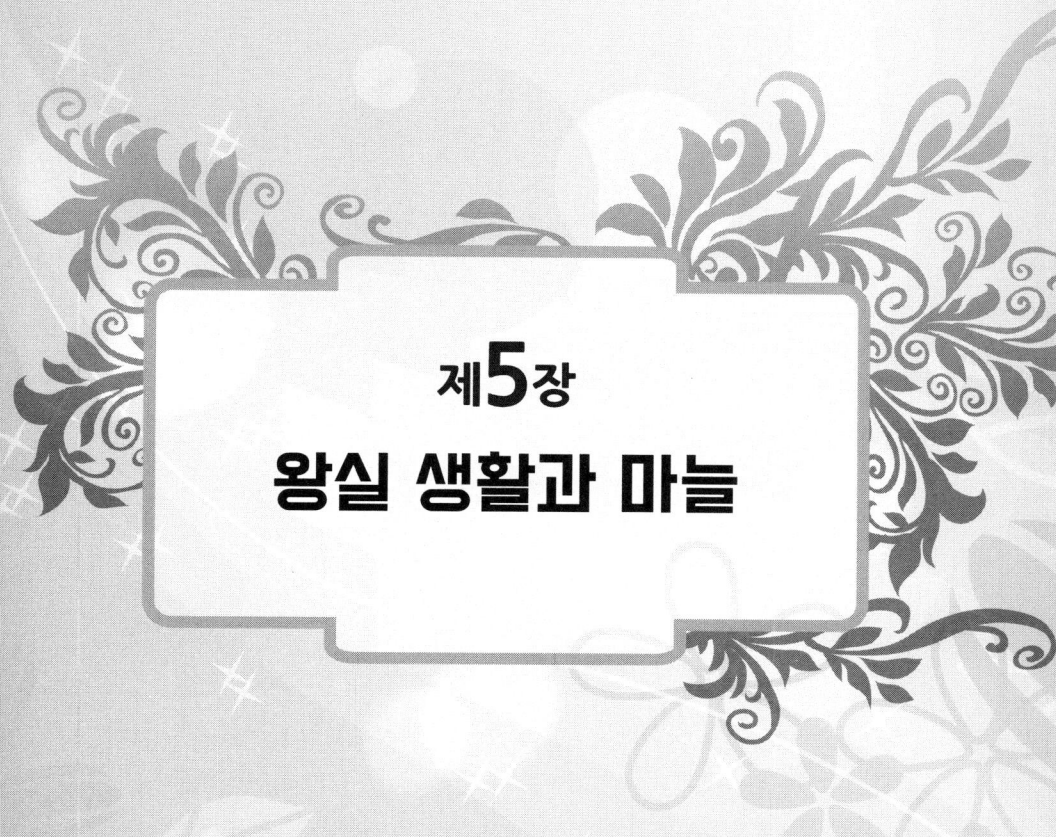

제5장
왕실 생활과 마늘

제5장 왕실 생활과 마늘

1. 왕실 행사와 마늘

왕실 행사에서 마늘은 먹기를 권하기보다 먹지 않는 경우를 나열함으로 마늘이 갖는 한계성을 보여주고 있다. 또 마늘과 함께 하지 말아야 할 일은 음주, 조상이나 문병, 음악듣기, 형벌의 집행, 형살문서(刑殺文書)에 서명 등 더럽고 악한 일에는 참여하지 말라고 하고 있다. 이는 마늘에 대한 궁중의 인식을 보여주는 것으로 고려시대 불교에서 금하고 있는 오신채의 영향이 불교를 멀리하여도 잔존하는 관념이라고 추정할 수 있다.

배불숭유를 건국 이념으로 내세운 조선은 불교를 억제하고 제한하였으나 국가와 왕실의 안녕을 축원하는 종교 행사는 그대로 존속시키면서 불교 경전을 새로이 간행하고 언해(諺解)에 힘썼다. 세조 때의 《간경도감(刊經都監)》은 불경을 언해하기 위하여 설립한 기구이다. 또한, 국왕 중에도 태조·세종·세조는 개인적으로 불교를 신봉하였다. 국가의 의식이나 행사에 유교가 큰 영향을 들어낼 것이라고 생각되나 아직도 불교의 영향을 버리지 못하였다. 그러나 점차 그 세력이 약화되어 민간 부녀자층에 의해서 겨우 명맥이 유지되었다

더구나 왕조실록에 마늘이 기록된 것은 거의 태종과 세종 시대의

기록에만 보여 불교의 영향이 개국 초기에 크게 영향을 주었으나 중기 이후로는 기록이 없어 유교가 새로운 조선의 정체성으로 뚜렷이 보여주는 시기였다고 생각된다. 성종과 정조 시대에 단 한 번 훈채에 대한 제례에서의 금기가 기록되어 있으나 그것도 훈채(葷菜) 혹은 여훈(茹葷)으로 기록하여 금기 식품을 구체적으로 명시하지 않았다. 이는 왕실 행사에서 금기 식품을 해제한 것인지 기록할 가치가 없다고 생각하여 생략한 것인지는 분명치 않다. 실제 왕조실록에 먹는 것을 기록한다는 것은 왕실 행사 외에는 찾아보기 힘든데 제례에 금기시하는 마늘을 많이 찾기를 기대할 수는 없다.

오례(五禮)는 오례의(五禮儀)라고도 한다. 강력한 중앙집권 체제를 추구하였던 조선 왕조는 유교 윤리의 보급을 통해 그것을 뒷받침하고자 하였다. 그 결과 사대부를 중심으로 한 지배층에서 유교 윤리의 예를 새로운 체제 확립과 관련지어 인식하였다.

오례에서 길례(吉禮)는 종묘사직과 산천·기우(祈雨)·선농(先農) 등 국가에서 행하는 의례 및 관료와 일반 백성의 시향행사(時享行事)를, 흉례(凶禮)는 국장(國葬)을 포함하는 상례(喪禮)를, 군례(軍禮)는 군사 의식을, 빈례(賓禮)는 외국사신을 접대하는 의식을, 가례(嘉禮)는 중국에 대한 사대례(事大禮)와 궁중의식절차·혼례 등을 말한다.

예(禮)를 통하여 모든 질서의 안정을 꾀하였던 조선시대에는, 오례의 세부적인 항목과 그 의식 절차·예법 등을 《국조오례의》라는 책으로 편찬하여 시행할 정도로 그 중요성이 강조되었다.

이 예전(禮典)이 1474년(성종 5)에 편찬된 것으로 미루어볼 때, 오례의 예제도 이 시기에 확립된 것으로 볼 수 있다. 사례를 비롯하여,

오례는 조선시대에 유교를 정치 이념으로 확립하는 한편, 왕조의 안정을 도모할 목적으로 실행과 응용이 강요되었던 만큼 조선시대의 문화에 큰 변화를 가져왔다. 따라서 오례를 비롯한 예제의 실행 과정에 대한 자료는 문화사 연구에 중요한 위치를 차지한다.

그래서 제사를 지내기 전에, 몸을 정결히 하고 마음을 경계하여 근신하는 재계(齋戒)나 국제(國祭)를 행할 때 7일 전에 집사관(執事官) 및 배제(陪祭)하는 종친과 문무백관이 공복(公服) 차림으로 의정부에 모여 서약하던 서계(誓戒)에도 파, 마늘, 부추, 염교를 가까이 하지 않도록 하므로 정결한 몸과 마음을 준비하게 하였다. 이런 행사에는 위의 훈채를 먹지 않을 뿐만 아니라, 함부로 술을 마시지 말고 조상(弔喪)하거나 문병(問病)하지 말고, 음악을 듣지 말며, 형벌을 행하지 말고, 형살 문서(刑殺文書)에 판결 서명하지 말며, 더럽고 악한 일에 참예하지 말도록 명하여 정결 의식으로 동일한 예로 인정되었다. 혹시 이를 어기는 경우에는 국법에 따른 처벌이 있을 것이라고 하여 권장 사항이 아니라 강제 규정이었다.

정조 시대의 서계(誓戒)는 술을 마시지 말고 여훈(茹葷)을 먹지 말라고 하여 삼가는 것은 재계(齋戒)보다 더한 것이 없는데, 이때에는 구체적으로 금지해야 할 식품의 품목을 제시하지 않고 여훈이라고만 하여 마늘, 생강, 파 등과 같은 냄새 나는 채소를 두루 금지하였다. 이들 채소를 먹으면 정제되지 않은 마음을 정제함에 어려움이 있고, 진실로 고요한 것을 주로 하여 공경하는 마음을 이르게 해야 하는데 장애가 된다고 생각하였다.

한 해 동안 이룬 농사와 그 밖의 일들을 여러 신(神)에게 고하는

납향(臘享)이나 왕실에서 역대의 국왕이나 왕후의 기일(忌日)에 각 능(陵)에 지내는 제사인 기신제(忌晨祭·忌辰祭), 3년상의 기간 중 매월 초하루와 보름에 신주에게 상식(上食)을 드리는 삭망제(朔望祭)에도 마늘과 같은 냄새 나는 채소의 금지는 빠지지 않았다.

또 오례 중 둑제(纛祭)는 병조판서가 주관하는 제사로 유일하게 무관들이 주관하는 제사이다. 조선시대 군대를 출동시킬 때 군령권(軍令權)을 상징하는 둑(纛)에 지내는 국가 제사로 경칩과 상강에 지내는 제사로 고려시대부터 기록된 것으로 경계의 마음을 갖게 하는데도 마늘, 부추, 파, 염교를 가까이 하지 않도록 하였다.

일상적인 행사는 아니지만 천재지변이나 흉사(凶事)로 인한 액막이를 하고자 베푼 특별한 제사인 별제(別祭)나 불운하게 죽었거나 제사지내 줄 후손이 없어 인간에게 해를 끼친다고 알려진 여귀(厲鬼)를 위로하는 제사인 여제(厲祭)에도 어김없이 훈채의 경계가 기록되어 있다.

길례든 흉례든 정결한 몸과 마음을 요구하는 행사에는 빠짐없이 파, 부추, 마늘을 먹지 않토록 하였으나 어떤 경우는 3가지 식품은 빠짐없이 금기 식품으로 기록하고 그 외에는 염교가 가장 많이 기록되고, 달래, 당파는 한 번밖에 기록에 보이지 않는다. 당파는 현대의 사전에 '쪽파'를 뜻하는 경상도 지방 사투리라고 하였으나 조선 세종 시대(1439년) 의정부에서 풍운뇌우의 제사에 대한 일체의 규례를 기록할 때 나온 것으로 실제 쪽파일 것으로 추정하고 있지만 확실하지 않다. 염교에 대하여도 여러 주장이 나오나 파(葱)와 부추(韭)와 마늘(蒜) 염교(薤)가 동시에 기록된 것을 보면 분명히 다른 식물이다. 중국 원산의 백합과의 다년초로 인경을 먹으며 일본명으로 락교로 잘 알려져 있다.

순조 32년(1832년)에 공충감사(公忠監司) 홍희근(洪羲瑾)이 장계에서 홍주의 고대도(현재 충남 보령시 소재) 뒤 바다에 정박한 영국의 배에 대해 보고하다. 저들이 식량·반찬·채소·닭·돼지 등의 물목 단자(物目單子) 한 장을 써서 내면서 요청하였기 때문에, 소 2두, 돼지 4구(口), 닭 80척(隻), 절인 물고기 4담(担), 갖가지 채소 20근(斤), 생강(生薑) 20근, 파 20근, 마늘 20근, 고추 10근, 백지(白紙) 50권, 곡물 4담(担), 맥면(麥麵) 1담, 밀당(蜜糖) 50근, 술 100근, 입담배 50근을 들여보내 주었다고 기록하여 생강, 파, 마늘, 고추와 같은 자극성 향신료는 서양식 생활에 보편적으로 이용되지 않았던 것이기 때문에 그들의 요구사항이 아니라 우리나라에서 먹고 있는 것을 선의로 보내준 듯하다.

조선시대 역대 왕의 업적 가운데 선정(善政)만을 모아 편찬한 편년체의 사서인《국조보감》에서 신숙주는 세조 등극 후 관리들이 여러 핑계를 만들어 백성을 침탈하는 것을 안타까워해 구체적인 사례를 들어 경계하고 있다. 여기에서 고을 수령들이 왕명을 받아 외국에 사신으로 가는 사신들을 접대한다는 구실로 하찮은 것까지 백성에게서 징수한다는 민폐를 거론하면서 마늘을 예로 들기도 하였다.

【표 1】각종 제례 행사에서의 금기 식품

왕명	년도	행사	금기 훈채
태종 11년	1411	제향 때의 재계	파, 부추, 마늘, 염교
세종 1년	1419	성진 봉안	파, 부추, 마늘, 달래
세종 3년	1421	삭망제	파, 부추, 마늘
세종 3년	1421	사시와 납향	파, 부추, 마늘, 호파
세종 3년	1421	별제, 삭망제	파, 부추, 마늘
세종 6년	1424	사시와 납일, 명절 친향	파, 부추, 마늘, 달래
세종 7년	1425	춘향	파, 부추, 마늘, 염교
세종 8년	1426	《예제》에 의거하여 제사	파, 부추, 마늘
세종 14년	1432	사직 섭행	파, 부추, 마늘
세종 15년	1433	문소전 이안	파, 부추, 마늘, 달래
세종 15년	1433	사시, 납일, 속절	파, 부추, 마늘, 달래
세종 15년	1433	기신제	파, 부추, 마늘, 달래
세종 15년	1433	삭망제	파, 부추, 마늘, 달래
세종 17년	1435	문묘 전알	파, 부추, 마늘, 염교
세종 20년	1438	이장	파, 부추, 마늘
세종 21년	1439	풍운뇌우 제사	파, 부추, 마늘, 당파
세종 22년	1440	둑제	파, 부추, 마늘, 염교
세종 22년	1440	여제	파, 부추, 마늘
세종 23년	1441	사중제	파, 부추, 마늘, 당파
세종 24년	1442	사시, 납향	파, 부추, 마늘, 염교
세종 25년	1443	추석제	파, 부추, 마늘
세종 29년	1447	대향, 납향, 삭망 후 별제	파, 부추, 마늘, 염교
세종 30년	1448	기신제	파, 부추, 마늘, 염교
세조 6년	1457	환구단 제사	파, 부추, 마늘, 염교
성종 3년	1472	대소 제향	훈채
정조 1년	1777	기우제	여훈

2. 진상품으로의 마늘

밭에는 온갖 곡식을 심지만 오직 그 땅에 알맞아야 한다. 밭의 평가는 거기에서 생산되는 작물의 수확이 벼 몇 두에 해당하느냐에 따라 9등급으로 나누었다. 밭 등급을 나누는데 타당성을 인정하기 어려웠을 것이다. 토질에 따라 기후 환경에 따라 수요에 따라 재배자의 기호에 따라 재배하는 작물의 종류가 다양하기 때문이다. 재배하는 작물도 곡류, 채소류, 특용작물, 약용식물 등으로 여러 작물을 함께 심으면 등급을 결정하기가 더욱 어려웠을 것이다.

곡류로는 산도(山稻), 메조(黃粱), 기장(諸黍), 여러 가지 피(諸稷), 촉서(蜀黍 : 강냉이 쌀), 대두(大豆, 이두 문자로는 太라는 것이다), 소두(小豆), 녹두(菉豆), 대맥(大麥), 소맥(小麥), 교맥(蕎麥, 모밀), 영당맥(鈴鐺麥, 이두 문자로는 耳麥, 귀리), 한피(旱稗, 피에 두 가지 종류가 있다. 돌피는 벼를 해치는 풀로서 먹을 수 없는 것이고, 한피는 밭에 심는 것으로 좋은 곡식이다), 호마(胡麻, 참깨), 청소(靑蘇 : 들깨), 옥촉서(玉蜀黍, 옥수수), 의이(薏苡, 율무)인데 만약 수도(水稻)를 합하면 18종류이다. 《경세유표》에서 두류와 깨를 곡류에 포함시킨 것이 특이하다.

채소류는 모시(枲)·삼(麻)·참외·오이 따위와 온갖 채소를 말하고 있는데 여기에도 모시와 삼을 포함시키고 있다. 큰 도시 주변의 밭에 심은 파, 마늘, 배추, 오이 등은 수확이 매우 높다고 하여 높은 등급이 부여될 수 있었을 것이다. 지역적으로 유명한 작물로는 한산(韓山)의 모시, 전주(全州)의 생강, 강진(康津)의 고구마, 황주(黃州)의 지황(地黃)은 모두 상지상 논과 비교해도 그 이가 10갑절이나 된다. 그 외

에도 잇꽃(紅花)과 대청(大靑, 겨자과의 두해살이풀), 천궁, 자초, 목화(木花), 연초(煙草) 등을 심으면 많은 이익이 된다고 하여 그 시대에도 특용작물이 농가의 소득에 기여하고 있는 것을 알 수 있다.

세종 19년(1437년) 경상도 진제 경차관(賑濟敬差官) 조강(趙講)이 상주(尙州)·선산(善山)·예천(醴泉) 등 각 고을에서 난 서맥(瑞麥)과 마늘을 가지고 와서 올리니, 보리는 한 줄기에 서너 이삭이요, 마늘은 한 뿌리에 여덟 줄기가 있었다. 서맥(瑞麥)은 한 줄기에 여러 개의 이삭이 달린 보리로, 풍년의 길조를 나타내는 상징이었다. 신구(神龜)·백치(白雉)·용(龍) 등과 아울러 국가에 경사가 있거나 태평성대에 나타난다고 한다.

영조 25년 충청감사 이일제(李日躋)가 서맥을 올렸으나 물리쳤다. 처음에 청주 어느 보리밭에 두어 줄기의 보리가 있었는데, 옆에 있는 이삭과 어우러서 혹 두 갈래 같기도 하고 혹은 세 이삭 같기도 하였으므로 목사 김원택과 도신 이일제가 특이한 상서라고 여겨 궤짝에 넣어서 올린 것이다. 마늘도 한 뿌리에 여덟 줄기가 있어 기형적이거나 비정상적 성장을 기이하게 여겼다.

상주의 토산물은 벼·조·기장·마늘이며, 토산물로 바치는 공물에는 은·꿀·밀(黃蠟)·칠·종이·왕대(篸)·은구어·삵가죽·노루가죽이요, 약재(藥材)는 황기(黃耆)·목단피(牧丹皮)·백부자(白附子)가 있었다.

연산 10년(1504년)에는 공물로 바친 마늘순이 썩었음을 나무라기도 하였다. "충청도에서 진상한 것은 잎이 길고 새로 캔 것 같으나 지금 전라도에서 진상한 것은 겨우 순이 나고 또 썩어 진상하기에 합당하지 않으니, 생마늘을 그대로 그려 전라 감사에게 유시하기를 '지금 마늘 길이가 이와 같은데 겨우 순이 난 것을 진상하였으니, 어쩐 일이냐?"라고 하여 서울까지의 거리로 생각할 때 먼 곳에서 진상되는 것은 생물로서의 가치가 떨어질 수밖에 없었을 것이다. 그래서 순나물(蓴菜)·파(葱)·마늘(蒜)·상치(萵苣)와 같은 채소를 봉진할 때는 상자를 만들어 뿌리 채로 흙을 얹어서 마르지 않도록 하여 봉진하게 하였다. 그러나 그 번잡함이 이를 데 없고 수송이 더욱 어려워져 효율적이지 못하였을 뿐 아니라 신선도를 보장할 수 없었다.

3. 마늘 섭취의 규제

명종 18년(1563년)에 교만 방자한 내관 강억천을 귀양 보내도록 의금부에 명하는 기록이 있다. 그 내용을 보면 법을 두려워하지 않는다는 추상적인 것 외에는 파와 마늘을 먹고 임금 앞에 들어오므로 냄새가 군상(君上)에게 풍기니 불경스럽고 무례한 잘못이 많다고 하여 직접적인 징계의 빌미는 파와 마늘을 먹고 냄새를 풍기는 것이 단초가 되었다. 내정에서 마늘을 먹거나 냄새를 풍기는 것만으로도 법에 저촉이 되며 집에 나갔을 때조차 파와 마늘은 섭취하는 것이 냄새가 남아 있어 문제가 된 듯하다. 그래서 먼 곳으로 귀양을 보내라는 임금의 유지가 있는 것으로 보아 일상생활에서의 섭취 식품이 궁중에서는 엄격히 구분된 듯하다.

《해동잡록(海東雜錄)》의 저자 권별(權鼈)은 연산군 때 일어난 갑자사화로 부관참시된 정여창에 대하여 애틋한 정을 표하였다. 권별(權鼈)은 선생이 오경(五經)에 밝아서 그 깊은 뜻을 철저히 다 구명하여,

본체와 응용이 근원은 같고 분수가 다름을 알았으며, 선악(善惡)이 분수는 같고 기(氣)가 다름을 알았으며, 유교와 불교가 본래의 길은 같고 거쳐 가는 길이 다름을 알았다. 성품이 단정하고 무거워서 술과 단술을 마시지 않고 훈채(葷菜)를 먹지 않았다고 한다. 유교 사회가 불교와 근원이 같다고 하여 불교에서 금하고 있는 마늘과 같은 훈채를 먹지 않은 것을 유교 사회에서도 몸을 바르고 깨끗하게 하는 도덕률의 하나임을 밝히고 있다.

이익(李瀷)은 《성호사설》(星湖僿說, 영조시대 1763년)에서도 정여창에 대하여 사화(士禍)에 원통히 죽은 것만으로 사람들이 분하게 여기고 억울하게 여겨, 그 평생에 한 일을 감히 평론하지 않는다면 이는 또 잘못이다. 그는 평소에 마늘이나 파 따위를 먹지 않았고 마소의 고기도 먹지 않았으며 지리산에서 3년간 오경을 연구한 내용에 대한 토론이 없는 것을 안타까워했다.

《청장관전서》(靑莊館全書, 이덕무)에서 음식을 먹을 때 예절에 관하여 기록하고 있다. 남성 위주의 유교 사회에서 여성들에 대하여 예절을 강요하는 것은 현대 사회에서는 수긍하기 힘든 것들이다. 상추쌈을 먹을 때도 입에 넣을 수 없을 만큼 크게 싸서 먹으면 부인의 태도가 아름답지 못하니, 매우 경계해야 한다고 하였다. 술을 마셔 얼굴을 붉게 해서는 안 되고 손으로 술 찌꺼기를 긁어 먹지 말고, 파와 마늘을 많이 먹지 않도록 하고 고추는 반드시 가늘게 썰고, 회는 반드시 실처럼 가늘게 썰어야 한다고 기록하고 있다.

이런 연고로 부녀들은 파와 마늘 등 냄새 나는 식품을 먹기를 싫어하였다. 그것은 향기롭지 못한 냄새가 날까 염려하기 때문이다. 그

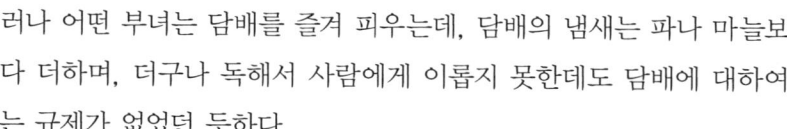

러나 어떤 부녀는 담배를 즐겨 피우는데, 담배의 냄새는 파나 마늘보다 더하며, 더구나 독해서 사람에게 이롭지 못한데도 담배에 대하여는 규제가 없었던 듯하다.

제사를 드릴 때도 제물에는 마늘이나 고추를 쓰지 않았다. 마늘은 냄새 때문이며 고추는 그 자극성 외에도 붉은색이 귀신을 쫓는다는 속설이 있기 때문으로 생각된다. 서거정은 《동문선》에서 제례의 변화를 기록하고 있다. 사대부가 상복을 입고 술·고기를 먹는 것을 보고서 처음에는 매우 해괴하게 여겼는데, 다른 규례는 엄격히 지키는 것을 보고 아름다운 전통이 사라지지 아니하였다고 하였다. 물론 음식을 먹는 규례뿐 아니라 3년상, 우제(초우, 재우, 삼우를 모두 일컫는 말. 초우는 장사지낸 뒤 처음으로 지내는 제사로, 제사 당일을 넘기지 않는다. 재우는 장사지낸 뒤에 두 번째로 지내는 우제고, 삼우는 세 번째로 지내는 제사로 흔히 유족들이 성묘를 한다)나 졸곡[상례(喪禮)에서 삼우(三虞)가 지난 뒤 3개월 안에 강일(剛日)에 지내는 제사로 무시곡(無時哭)을 마친다는 뜻으로 그 동안 수시로 한 곡을 그치고 아침저녁으로 상식할 때만 곡을 한다]도 간편화하는 방향으로 변화를 가져왔다고 하였다.

그러나 정약용은 《목민심서》에서 문묘(文廟)의 제사는 목민관(牧民官)이 몸소 행하되 경건하고 정성스럽게 목욕재계하여 많은 선비의 본보기가 되어야 한다고 하였다. 그러나 향교(鄕校)의 석전제(釋奠祭)에는 헌관(獻官)과 집사(執事) 외에도 별 관계가 없는 자로서 제사에 참여하는 자들이 많고, 그중에는 어리석고 비천한 농사군과 장사치까지 끼어들어 마늘 냄새, 술 냄새를 피워대는 추악한 꼴을 보이고 난잡하게 떠들어 대며 법도를 따르지 않고 제사(祭祀)가 끝난 뒤에는

서로 머리채를 꺼들고 주먹을 휘두르며 싸우는 소리가 온 집안에 가득하다고 개탄하였다. 제례에 잿밥에만 관심 있는 무리를 힐책하는 말로 석전제를 관할하는 수령에 대한 관리 지침을 제시하였다. 회중(會中)에 모인 무리를 살펴 술과 마늘을 먹었거나 옷을 벗고 띠를 풀었거나 경건과 정결을 극진히 하지 않은 자가 있거든 그 성명을 모두 적어 올리게 하여 잘못에 따라 벌을 줄 것이며, 회중에 있지 않고 부중(府中)을 출입하는 자가 있거든 즉시 축출하여 제사에 참여하지 못하게 해야 한다고 하였다.

산재라는 것은 남의 상사나 병에 조상(弔喪)하거나 문병을 가지 아니하고 훈채(葷菜)를 먹지 않으며, 술을 마시더라도 취할 정도까지 마시지 않고, 모든 흉하고 더러운 일에는 모두 참여하지 않는 것이다. 훈(葷)은 냄새가 나는 채소로, 기운이 깨끗하지 않은 채소이다. 오훈(五葷)은 부추(韭), 마늘(蒜), 평지(芸薹), 무릇(胡荽), 염교(薤)를 말한다. 술과 고기를 허용하였지만 훈채는 허용되지 아니하였다. 다섯 가지의 자극성이 강한 채소로 오훈(五葷)이라 지칭하는 것도 불가(佛家)에서는 마늘, 달래, 무릇, 파, 세파를 가리키고, 도가(道家)에서는 부추, 자총이, 마늘, 평지, 무릇을 가리킨다. 이 채소들은 모두 음욕(淫慾)과 분노(忿怒)를 유발한다고 하여 금식(禁食)한다.

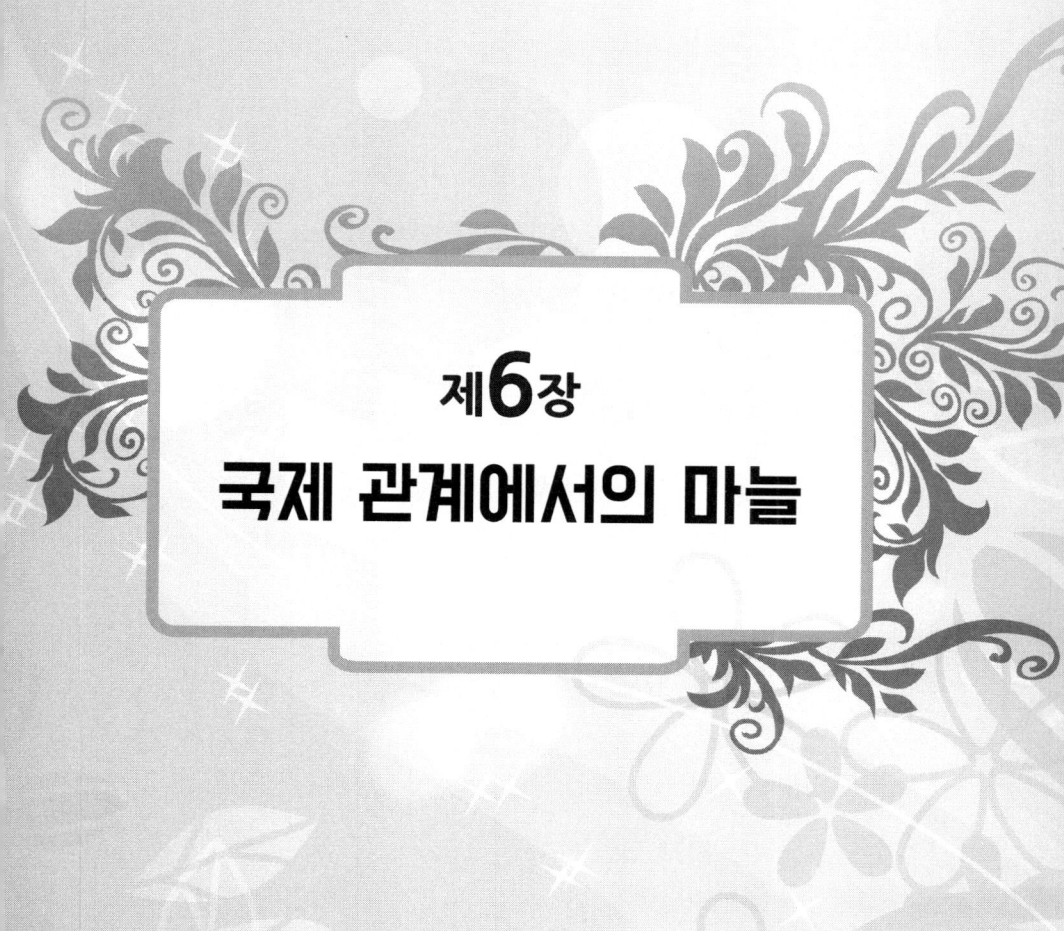

제**6**장
국제 관계에서의 마늘

제6장 국제 관계에서의 마늘

1. 사신 접대 기록 중의 마늘

사신을 접대한다는 구실로 백성들에게 지나치게 많은 물건이나 곡식을 요구하는 작폐를 금지하는 전교가 있었다. 선조 30년(1597년) 이덕형이 접반사(외국 사신을 접대하는 일을 맡은 임시 벼슬 또는 그 벼슬아치)가 되어 이여송을 수행하기도 하였다. 이덕형이 보고한 내용을 보면, 일용 생활에 소요되는 생선·고기·식초·장물·생강·마늘 등의 물건은 모두 공급관(供給官)이 실어온 짐 속에 있는데 별도로 도감관(都監官)을 두어서 다시 백성들에게 요구할 것을 걱정하는 내용이 기록되어 있다.

정조도 교시를 내려 칙사를 접대하는 일로 몫을 나누어 정할 때 도감 하속(下屬)들이 작폐(作弊)하지 못하도록 분부하라는 전교(傳敎)를 내렸다.

"근래 칙사를 접대하는 일로 기읍(畿邑)의 백성들이 반드시 많은 곤란함을 받을 것이다. 도감 및 호조의 분정기(分定記)를 보내 전례를 굳게 지켜 애당초 융통해 변통하는 일이 없으니 이것이 어찌 당초에 신칙(단단히 타일러 경계함)한 본뜻이겠는가?

"관반[館伴, 외국 사신(使臣)의 영접·접대 임무를 관장하는 영접도감(迎接都監)의 주무관(主務官)인 임시 관직]과 연접도감당상(延接都監堂上)은 추고하고 기왕에 받아들인 목물(木物)은 비록 하나하나 물려주기는 어렵지만 많은 물종을 받아들일 때 어찌 뇌물을 색책(索責, 허물이나 잘못에 대해 책임을 지는 일 또는 책임을 묻는 것)하고 조종하는 폐단이 없었겠는가?"

"나례도감[儺禮都監, 조선시대 종묘에 제사 지낼 때나 외국 사신의 영접, 기타의 경우에 나례(儺禮)를 실시하기 위하여 설치하였던 임시 관청] 소속은 관반 및 도감당상이 한편으로는 사문(査問)하고 한편으로는 염탐해서 초기(草記)를 범한 바가 있으면 이런 뜻으로 묘당에서 경기감사에게 엄히 신칙하라. 도감 하속들이 작폐하는 짓을 도백이 결코 못 듣고 모르지 않을 터이니 한편으로는 들어서 아는 바를 장계로 알릴 것이고 만일 알릴 것이 없다고 한다면 이런 도백이 칙사영송에 무슨 구제됨이 있으랴!"

"… 또 마늘·율무 등 미세한 물종 같은 것도 서울에서 사들이기 어려운 일도 아니고 또 반드시 몇 되·몇 홉까지 외읍에 몫을 나누어 정하는 것은 더욱 불찰이고 일이 설월(屑越)에 가깝다. 비록 하나하나를 지적해 말하지 않겠으나 이 같은 명색은 모두 진배(물건을 나라에 바침)하지 말 것을 역시 분부하고 호조판서는 그 관리의 엄중하게 따지고 캐고 문책하라." 하였다.

1) 대(對) 중국 사신

연행사(燕行使)는 조선에서 중국으로 갔던 사신을 가리키는 말이다. 지금의 북경(北京)은 춘추시대에 연(燕)나라의 수도였던 까닭에 예부터

연경(燕京)이라고도 불렀다. 이런 까닭에 연
행사는 곧 연경에 파견된 사신을 가리키며
이러한 사행(使行)을 연행(燕行)이라 칭하기도
하였다. 고려 때부터 19세기 말까지 원(元),
명(明), 청(淸)에 공식적으로 연행을 갔던 횟
수가 600여 회에 달하였기 때문에 그 여정
을 기록한 연행록(燕行錄)이 매우 많다. 특히
조선시대에 청나라에 다녀온 사신들이나 그
수행원들이 남긴 기행문이 많이 남아 있다.

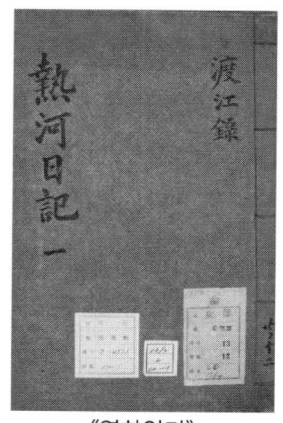

《열하일기》

조선 전기의 대명(對明) 사신들은 기행문보다 기행시(紀行詩)를 많이
남긴 데 비하여, 후기의 대청(對淸) 사신들은 기행문을 많이 썼다. 그
중 김창집(金昌集)의 《가재연기(稼齋燕記)》와 홍대용(洪大容)의 《담헌연
기(湛軒燕記)》·《을병연행록(乙丙燕行錄)》, 박지원(朴趾源)의 《열하일기(熱
河日記)》가 대표적인 저술이다.

  시대와 기록자의 관점에 따라 기록된 내용이 다르지만 대체로 중
국과의 외교관계, 그곳의 문물제도, 중국인의 생활 양상, 그쪽 문사
와의 교유, 여행 도중의 견문(見聞) 등을 산문체로 서술하고 있다. 특
히 영·정(英正) 이후 선진 중국문화를 관찰 연구하여 그 장점을 수용
하고 나아가서 우리 사회를 개조하려는 태도를 보여주기도 했다. 이
들 연행록들이 사료(史料)로서 중요시되지만 기행문학으로서 국문학
에서 다루어질 성질이기도 하다.

  《연행록(燕行錄)》은 1712년(숙종 38)에 최덕중(崔德中)이 동지 겸 사은
사(冬至兼謝恩使) 부사(副使) 윤지인(尹趾仁)의 군관으로 청나라에 다녀

오면서 쓴 일기이다. 사신에게는 청나라의 호부에서 양식을 공급하고 공부(工部)에서 시탄(柴炭)과 마초(馬草)·기명(器皿)을 제공하며, 광록시에서 갖가지 찬물(饌物)을 제공한다. 제공되는 찬물로는 곡식, 어류, 육류, 가금류, 우유 및 유제품, 과실류, 장류, 차, 기름, 조미료로는 식초와 소금을 받았으며 향신료로는 마늘과 생강을 제공받았다. 그러나 모든 사신 일행에게 동일한 것이 아니라 직분에 따라 차등을 두었다.

김창업(金昌業)은 동지 겸 사은정사(冬至兼謝恩正使) 김창집(金昌集)의 군관으로 청나라에 다녀오면서 1712년(숙종 38) 5개월 동안의 일기를 기록한 《연행일기(燕行日記)》에 음식물에 대한 기록이 있다. 우리나라에서 경험하지 못한 식품이 나와서 신기한 마음으로 상세히 기록하였다. 《연행일기》는 최덕중(崔德中)의 《연행록(燕行錄)》과 같은 시기에 청나라에 다녀온 기록이기 때문에 제공받은 찬품은 거의 동일하였다.

상화떡

　"이른바 '유박아(柔薄兒)'란 우리나라의 상화떡처럼 밀가루도 만든 것인데 우리나라의 만두처럼 가장자리가 쭈글쭈글하다. 이것은 옛 만두로 돼지고기와 마늘을 다져서 만들며 그곳의 떡 중에서 가장 맛이 있었다. 또 밀가루로 둥근 빵을 만든 뒤에 돼지기름이나 양기름에 튀기면 흡사 우리나라의 강정처럼 가볍고 연하여 씹기 쉽다. 진품은 설탕 가루에 버무려서 만들었다. 품질의 좋고 나쁜 차이는 있지만 가게에서 파는 것은 모두 이런 따위이며 흰떡은 볼래야 볼 수 없었다."

　이의현(李宜顯)은 1720년(숙종 46) 동지사 겸 정조성절진하(冬至使兼正朝聖節進賀)의 정사로 청나라에 다녀오면서 《경자연행잡지(庚子燕行雜識)》를 썼는데 이는 《연행일기(燕行日記)》에 기록한 유박아(柔薄兒)에 대하여 다시 기록하고 있다. 김창집(金昌集)이 다녀온 것보다 8년 정도 지났지만 제공되는 찬품은 비슷하였다.

　"특히 채소는 무, 미나리, 고사리, 배추, 마늘 등 여러 가지 종류가 있다. 더러 김치를 만드는데 맛이 모두 짜다. 마늘은 더구나 항상 먹는 것으로, 누린내가 나는 것은 비단 오랑캐이기 때문만이 아니고, 역시 항상 마늘을 먹기 때문에 언제나 매운 기운이 있어서 그런 것이다."

　"떡은 이른바 유박아(柔薄兒)라는 것이 제일 좋다고 일컬어진다. 밀가루로 눌러 만든 것이 마치 우리나라 상화떡처럼 생겼으며 합친 부분에 주름이 지게 해서 꼭 우리나라 만두처럼 생겼다. 대개 옛날 만두는 그 소를 돼지고기에 파와 마늘을 섞어서 만들었고, 단병(團餅) 역시 밀가루로 만드는데, 이것을 돼지기름에 튀겨 사박사박한 것이 마치 우리나라의 강정 모양과 같다. 좀 더 고급은 설탕을 섞어서 만드는데, 솜씨가 정교하고 거친 것과 맛이 좋고 나쁜 차이는 있지만

시중에서 파는 것은 대개 이런 종류들이다. 가루떡 같은 것은 하나
도 본 일이 없다. 이른바 계란병(鷄卵餠)이니 복령병(茯苓餠)이니 하는
것은 역시 설탕을 섞어서 만드는데, 바싹 마른 것이라 오래 두고 먹
을 수 있으며 맛은 약간 달콤하다. 그렇지만 모두 비위에 맞지 않고,
특히 돼지고기, 염소고기, 마늘, 파 냄새는 역겹다."

― 김경선(金景善), 《연원직지(燕轅直指)》 권6, 유관별록(留館別錄). 음식(飮食)

홍대용의 북경 여행기인 《담헌서(湛軒書)》는 종래의 숭명배청(崇明排
淸)의 관념을 타파하고 청을 배워야 한다는 적극적인 태도를 취하여
서양의 문명을 먼저 접한 청나라의 문물에 대한 새로운 견문과 그들
의 생활·풍속 등 여러 가지를 보고 느낀 대로 기록한 것이다.(1765)

홍대용의 기록을 보면 북경에서의 음식을 기록하였는데 중국에서
제공한 쌀이 오래된 쌀이라 우리나라에서 가져간 쌀을 먹고 하급관
리들만 중국에서 제공한 쌀을 먹었다고 하였다. 또 북경 이외의 음식
점에서는 안주와 반찬을 돼지고기만을 쓴다고 하였고 탕국은 호로
분탕(胡盧粉湯) 같은 것, 일상 먹는 음식물엔 파·마늘 같은 것을 섞는
다. 갑자기 맛을 보면 누리고 매워 비위를 거스르며 구역질나서 먹지
못할 때도 있다고 하였다.

《청장관전서(靑莊館全書)》에서 이덕무는 홍대용의 《담헌서》에 나와
있는 내용을 다시 기록하였다. "우리나라 사람들은 거상과 제사에 소
반(素飯, 고기 반찬 없는 밥) 먹기를 좋아하지만 파와 마늘은 가리지 않
고 있으니 우습다. 거상하는 사람이 《서경(書經)》을 읽을 땐 갱재가
(賡載歌)는 읽지 않으니 이 뜻이 매우 좋다. 다른 책도 이를 미루어

알 만하다. 청나라에서 상례를 반포하지 않았는데도 사대부들이 옛 예를 따르지 않고 있으니, 염치를 찾아볼 수 없다."

《연행기사(燕行記事)》는 조선 후기 정조 때의 문신 이갑이 청나라 연행에서 견문한 바를 기록한 필사본으로 1777년(정조 1)에 진하사은 진주 겸 동지사(進賀謝恩陳奏兼冬至使)의 부사로 정사(正使) 이광(李珖), 서장관(書狀官) 이재학(李在學)과 함께 그해 10월 27일부터 이듬해 3월까지 청나라에 다녀온 사행을 기록한 책이다. 여기에서 중국의 채소에 대하여 우리나라 품종과 차이 나는 내용을 기록하고 있다. 채소 및 생강, 파는 크고 연하며 무(蘿蔔)는 작고 단단하고, 미나리·부추(韭菜)·시금치(菠薐)·상추(萵苣)·마늘(大蒜) 등은 모두 우리나라 소산(所産)과 같다고 하였다. 신감채(辛甘菜)는 조금 다르고, 통원보(通遠堡)의 고사리는 크고 독이 없다고 기록하고 있다.

《열하일기(熱河日記)》는 1780년(정조 4년) 박지원(朴趾源)이 청나라 건륭제(乾隆帝)의 칠순연(七旬宴)을 축하하기 위하여 사행하는 삼종형 박명원(朴明源)을 수행하여 청나라 고종의 피서지인 열하를 여행하고 돌아와서, 청조 치하의 북중국과 남만주 일대를 견문하고 그곳 문인·명사들과의 교유 및 문물제도를 접한 결과를 소상하게 기록한 연행일기이다. 정사나 부사, 서장관, 대통관, 압물관 등에게 날마다 제공된 관(館)의 찬(饌)을 기록하고 있는데 앞서 다녀온 연행 기록과 거의 비슷하였다. 그 찬(饌)의 내용은 매일 공급하는 양으로는 매우 많고 종류도 다양하여 사신에 대한 접대는 융숭했던 것으로 보인다. 그 단지 정사가 아닌 부사 등에게는 마늘, 생강을 지급하지 않아 약간의 차등은 두었으나 대부분 동일한 종류와 양을 제공하였음을 알 수 있다.

《열하일기(熱河日記)》 중 '태학유관록(太學留館錄)'은 러허(熱河)의 태학관에 머물러 있는 동안 목도한 중국 조관들과 황제 접견에 대해서 자세히 서술하고, 또 우리나라의 역사·지리·풍속·제도·시문과 천체·음률·활불(活佛) 등에 대해서 여러 학자들과 문답한 것을 기록하고 있다. 이 편에 수록된 지전설에 관한 토론은 과학에 있어 선구적인 그의 견해를 보여준다. 청의 학자들과 문답하는 과정에서 대접받은 내용이 수록되어 있는데, 엄청난 내용과 양으로 과분할 정도의 접대 문화를 보여주고 있다.

"기공은 나를 이끌고 자기 방으로 들었다. 벌써 촛불을 네 자루나 켜 놓고, 큰 교자상에 음식을 잘 차려 두었다. 특별히 나를 위해서 차린 것이다. 향고(香糕, 떡) 세 그릇, 각색 사탕 세 그릇, 용안육(龍眼肉, 무환자나무과에 속하는 상록성의 큰 키 나무인 용안의 과육)·여지[荔支, 중국 남부에서 자라는 아열대 상록교목(常綠喬木)의 열매]·낙화생(落花生)·매실(梅實) 서너 그릇, 닭·거위·오리 들을 주둥이와 발이 달린 채로, 또 통돼지를 껍질만 벗겨서 용안육·여지·대추·밤·마늘·후추·호도·살구씨·수박씨 등을 섞어 쪄서 떡같이 만들었는데, 맛은 달고 매끄러우면서도 너무 짜서 먹기는 어려웠다."

《금료소초(金蓼小抄)》는 의술에 관한 이야기를 주로 엮은 것으로 다른 사람의 저서 중에서 몇 가지 처방을 수록하였다. 수종(水腫)을 다스리는 데는, 논에서 나는 우렁이와 큰 마늘과 차전초(車前草, 한약재의 일종)를 한 데 갈아, 큼직한 지짐떡만큼씩 고약으로 만들어 배꼽 위에 붙여 두면, 물이 대소변에 따라 나오고 곧 병이 낫는다고 하였다.

– 《물류상감지(物類相感志)》

　《일신수필(馹迅隨筆)》은 신광녕(新廣寧)에서 산하이관(山海關)에 이르기까지의 9일간의 기록으로 희대(戲臺)·저잣거리·여관·교량 등에 깊은 관심을 보였다. 소주에 다른 향 식물이나 약리 식물을 넣어 먹는 관습은 그 시대에도 있었음을 알 수 있다. "…… 오후에 더위가 심하더니 소낙비가 억수로 퍼부었다. 우장옷이 찌는 듯하고 가슴이 그득한 것이 더위를 먹은 듯싶다. 잠자리에 들 때 큰 마늘을 갈아 소주에 타서 마셨더니, 그제야 배가 편하여 온전히 잘 수 있었다. 밤새 비가 멎지 않았다."

　《열하일기(熱河日記)》 첫 부분을 이루는 '도강록(渡江錄)'은 압록강에서 랴오양(遼陽)에 이르기까지 15일간의 기록으로, 굴뚝과 구들 등 여염집의 구조와 배, 우물, 가마, 성(城)의 제도 등 배울만한 것이 있으면 자세히 서술하면서 모든 물건을 이롭게 쓸 수 있어 백성의 생활이 윤택해져야만 덕을 바르게 할 수 있다는 이용후생의 주장을 폈다. 사관에서 바라본 주변의 밭을 본 내용을 기록하였는데 파 이랑과 마늘 두둑이 금을 그은 듯 곧고 네모져서 체계가 서 있다고 하여 청나라에서도 마늘 농사가 규모화가 이루어져 있었다고 추정된다.

　조선 순조 때(1800~1834) 동지사의 서장관 서장보(徐長輔)를 따라 연경(燕京)을 다녀온 필자 미상의 사행 기록인 《계산기정(薊山紀程)》의 부록에는 음식(飮食)에 대한 내용이 들어 있다. 견문과 감회를 적은 한시를 일기체로 편찬한 것으로 '계산(薊山)'이란 '계구(薊丘)'와 같은 뜻으로 연경을 지칭하는 말이다. 거의 100년 전에 다녀온 사행 기록에도 있는 것처럼 유박아(柔薄兒)를 똑같이 기술하여 조선의 음식과 비교되는 음식이었던 듯하다. 또 밀가루로 만든 흘락(紇絡, 수제비)이

라 하는 음식이 있고, 돼지고기 소를 밀가루에 섞어 끓인 것을 분탕 (粉湯)이라 하고, 파·마늘·돼지고기 소를 넣어 만든 것을 혼돈(餛飩) 이라 하고, 흰 가루로 둥그스름하게 만들고 설탕가루로 섞어서 끓인 것을 원소병(元宵餅)이라 하여 우리나라와 비슷한 것도 다른 것도 있 다고 쓰여 있다.

1828년(순조 28) 진하 겸 사은사(進賀兼謝恩使) 이구(李球)의 의관 겸 비장(醫官兼裨將)이 연경사(燕京使)의 수행원으로 청나라에 다녀온 뒤 에 쓴 연행 기록인《부연일기(赴燕日記)》에도 정사인 남연군(南延君)에 게 날마다 공급한 식재료와 일용 잡화의 목록이 기록되어 있다. 기 록한 사람의 이름이 없어도 100여 년 전의 기록과 비교하면 약간의 품목과 양에 차이가 있으나 형식은 동일하고 변하지 않은 듯하다.

"과일 종류로는 호도당(胡桃糖)·행인당(杏仁糖)·과자당(瓜子糖)·밀 조(蜜棗)·건포도(乾葡萄)·생포도·복숭아·배·버찌·능금·빈과(蘋果)·사 과·감인행(甘仁杏)·참외·수박·용안(龍眼)·여지(荔支)·생 연뿌리·남칠 (南七) 등 없는 종류가 없었으니, 남칠이라는 것은 곧 마름 열매이다. 설탕과 섞어서 먹으니 연하고 달며 시원하였다. 과일을 차린 뒤에 다 시 술안주를 차리는데 평평한 접시 4개를 놓았으니, 하나는 마늘, 하 나는 장과(醬菓), 하나는 생채(生菜), 하나는 숙채(熟菜)였고 그렇게 한 뒤에야 술을 돌렸다."라고 기록하여 과일의 종류가 많아지고 조리법 도 다양해진 것을 볼 수 있다.

《연원직지(燕轅直指)》의 '출강록(出疆錄)'은 순조 32년(1832) 김경선(金 景善)이 동지 겸사은사(冬至兼謝恩使)의 서장관(書狀官)으로 정사 서경 보(徐耕輔), 부사 윤치겸(尹致謙)과 같이 청나라에 다녀오면서 9개월

여간을 기록한 것으로 지금까지의 어느 연행록보다 방대한 분량이다. 우리나라 사신이 책문에 들어간 날부터 시작하여 하정[下程, 사신이 숙소에 도착하면 그곳에 정해진 공급 외에 주식(酒食) 등 일상 수요 물품을 별도로 보내 주는 것]이 있는데, 북경에 이르기까지는 모두 연도 지방관이 공급하고, 사관에 머무를 때는 호부(戶部), 공부(工部), 광록시(光祿寺)에서 갖가지 물품을 제공하였다. 상사와 부사 그리고 서장관, 대통관(大通官), 압물관(押物官), 종인(從人)에 이르기까지 제공하는 품목과 수량을 차별화하였다. 더구나 종친(宗班)이 정사일 때에는 더 융숭한 대접을 받았으며, 말의 먹이까지도 구체적으로 기록되어 있다. 또 계절에 따라서도 제공되는 찬품이나 일용 물품이 다르게 규정되어 있었다. 마늘은 정사나 부사에게만 제공되었으며 하위 직종에는 제공되지 않았다.

《연원직지(燕轅直指)》 '유관록(留館錄)'은 다음 해(1833년) 1월에 청나라 선비의 풍습을 보고자 하였으나 오히려 그들의 구경거리가 되어 많은 사람이 모여들었는데 의관(衣冠)의 구별이 없어 누가 시장 사람이고 누가 생도인지 알 수 없었다고 하였다. 게다가 마늘내, 비린내가 사람으로 하여금 매우 괴롭게 하여 보는 것 자체만으로도 괴로웠다고 기록하였다.

2) 대(對) 일본 사신

《동사일록(東槎日錄)》 중 '일록(日錄)'은 1682년(숙종 8) 역관 김지남(金指南)이 압물통사(押物通事)로 일본에 다녀오면서 적은 사행기록(使行記錄)이다.

　왜국 대마도의 관사에 머무르는 기간은 5일이고, 길을 가는 동안은 매일같이 하정을 바치며, 도착해서 머무르는 날은 한 때 진무를 베푼다. 그 뒤에 하정(下程)을 바치는 것은 바로 그 나라 규례(規例)라 한다. 하정 물목은 바다가 가까이 있어서인지 생선과 해산물이 많았고, 과일이나 조리된 음식은 거의 없었다. 대청 사신에게 제공되었던 하정 품목과 비교하면 품목도 간단하고 수량에 대한 기준이 기록되어 있지 않았다. 각 참(站)에서는 그 지방에서 생산되는 물건에 따라서 가감함으로 탄력적으로 운용하고 있었다.

　《동사록(東槎錄)》은 1811년(순조 11) 3월부터 7월까지 5개월간의 대마도(對馬島)에 다녀온 사행 기록이다. 당시 정사는 김이교(金履喬), 부사는 이면구(李勉求)였다. 유상필(柳相弼)은 군관(軍官)으로 동행하여 일공(日供)을 맡았다. 강홍중(姜弘重)은 수행원의 일원으로 본 《동사록》을

《동사록》

기록하였다. 대청 사신단에 비하여 규모도 작았고 직위도 낮아 청국과 왜국에 대한 조선의 외교에 무게감이 달랐다. '일기'는 다른 사행 기록에 비해 매우 소략한데, 그것은 일본의 관심이 적어진 때문이었다. 이전까지만 해도 조선의 사행이 도착하면, 일본 지식인층은 사행과 접촉하여 한시(漢詩)와 서화의 휘호(揮毫)를 구하거나 필담을 통해 청나라와 조선에 대한 정정(政情)·역사·풍물·경사(經史) 등을 알려고 하였다. 그러나 이 책에 나타난 태도는 이제 배워야 할 것은 다 배웠다는 태도였다.

우선 왜국 본토에 들어가 정치 체계를 알아보고 천황이 어떤 정치적 위상을 가지고 있는지를 기록하였다. 천황은 대대로 왕위(王位)를 장자에게 전하고 그 나머지 자녀는 모두 중(僧尼)으로 삼아 사찰(寺刹)에 흩어져 살게 하고, 오직 의복과 음식만 부귀를 누릴 뿐이었다. 오직 장자(長子)만은 아내를 얻었으니 후사(後嗣)를 계승하기 위해서였다. 딸은 그 존귀함이 상대가 없다 하여 출가시키지 않고 모두 여승(女僧)을 삼았다. 궁중에 한 재실을 지어 제천(祭天, 하늘에 제사 지내는 것)하는 곳으로 삼았다. 매월 보름 전에는 목욕재계하고 고기와 훈채(葷菜, 파·마늘·생강 등 냄새 나는 채소)를 먹지 않으며, 촛불을 밝히고 밤새도록 꿇어앉아 하늘에 기도 올리고, 보름 후에는 평인과 다름없이 고기를 먹고 잠을 자며 좌우 시종(侍從)과 더불어 종일 희학(戲謔)하는데, 제기 차기와 바둑 두는 것 등의 잡기 같은 것도 모두 천황의 궁중에서 익혔다 한다.

《동사록(東槎錄)》의 '일기(日記)'는 군관으로 동행한 유상필(柳相弼)이 기록한 내용이다. 도해 왜국 사신단 일행을 영가대(永嘉臺, 부산광역시

동구 범일동에 있는 조선 후기 통신사가 해신제를 지내던 누각)에 나오게 하여 서계(誓戒, 서약)를 받았다.

"모년 모월 모일, 우리 4선(船)의 무리가 이 행역(行役)에서 장차 신명(神明)의 도움을 받으려 하니, 이제 관직의 품계를 가진 사람으로부터 그 이하 도사(徒史)와 서리(胥吏)에 이르기까지 무릇 같은 배를 타고 건널 자는 제사에 참여하든 않든 오늘로부터 술을 마시지 않고, 냄새나는 채소를 먹지 않고[냄새나는 채소란 파·마늘 등 양념 채소를 말하는데 고기에는 이것들로 조리를 하므로 인신(引伸)하여 육식(肉食)을 뜻한다] 음악을 듣지 않고, 문상·문병을 하지 않고, 형살(刑殺) 문서를 보지 않고, 각각 고요한 방에 앉아서 일심으로 치재(致齋)하노니, 만약 서계(誓戒)대로 아니하면 반드시 하늘의 꾸중이 있을지어다. ……" 이날로부터 12일까지는 해신제(海神祭)를 위하여 치재(致齋)하였다. 사신단이 배를 타고 바다를 건너는 일이 매우 위험한 일이기 때문에 해신제를 지내므로 무사히 바다를 건너 목적을 성실하게 이루고 또 무사히 돌아올 수 있도록 도와 달라는 제(祭)이다.

2. 표류인의 기록 중 마늘

1) 내국인 유구국 표류기

세조 8년(1462) 정월 25일에 선군(船軍) 양성(梁成) 등이 제주(濟州)에서 배를 출발하여 바람을 만나서 2월 초2일에 표류하다가 유구국(琉球國)의 북쪽 방면 구미도(仇彌島)에 이르렀었다. 표류한 과정은 기록되어 있지 않고 유규국에서 보고 경험한 일을 장면별로 기록하였다. 장면 8에서는 백성들의 생활을 의식주 중심으로 기록하였는데 채소(菜蔬)는 파·부추·마늘·생강·무우·상치·파초(芭蕉)·양하(蘘荷, 외떡잎 식물 생강목 생강과의 여러해살이풀)·토란·마(薯蕷)가 있었다고 단순히 본 채소 명만을 말하고 있어 우리가 훈채라고 하는 채소도 모두 재배하고 있는 것을 알 수 있다.

김비의(金非衣) 일행이 정유년(1477년) 2월 1일에 현세수(玄世修)·김득산(金得山)·이청민(李淸敏)·양성돌(梁成突)·조귀봉(曹貴奉)과 더불어 진상(進上)할 감자(柑子)를 배수(陪受)하여 같이 한 배에 타고 바다로 출범(出帆)하여 추자도(楸子島)로 향해 가다가, 갑자기 크게 불어오는 동풍(東風)을 만나 서쪽으로 향하여 표류하였다. 표류 중 김비의(金非衣)·강무(姜茂)·이정(李正) 등 세 사람만이 살아남아 유구국(琉球國)으로부터 돌아왔는데, 지나온 바 여러 섬의 풍속(風俗)을 말하는 것이 매우 기이(奇異)하므로, 임금이 홍문관(弘文館)에 명하여 그 말을 써서 아뢰라고 하여 기록물로 남게 되었다. 김비의 등이 유규국에 도착할 때는 모두 다 배멀미를 하여 누워 있어서 밥을 지을 수가 없어 한 방울의 물도 입에 넣지 못한 지가 무릇 열나흘이었는데, 이때에 이르러 섬사람이 쌀죽(稻米粥)과 마늘을 가지고 와서 먹여 기운을 차렸다고 진술하고 있다.

2) 내국인 중국 표류기

《표해록(漂海錄)》은 최부(崔溥)가 성종 1487년(성종 18) 제주3읍 추쇄 경차관으로 부임하였다가 다음 해 윤정월 초, 부친상을 당하여 급히

고향으로 돌아오던 중 제주 앞바다에서 태풍을 만나 표류하게 되면서 돌아올 때까지의 기록이다. 그와 그의 수하 43명이 탄 배가 표류하여 14일간의 천신만고 끝에 절강 연해에 표착하였다. 그 과정에서 두 차례나 해적을 만나 겨우 탈출하여 상륙하였으나 다시 왜구로 오인되어 갖은 고초를 겪은 뒤에 비로소 조선 관인의 대우를 받으며 호송을 받게 되었다. 임해 도저소에서 출발하여 영파·소흥을 지나 운하를 따라 항주·소주 등 번화한 강남 지방을 지나고, 양주·산동·천진을 거쳐 북경에 도착하여 명(明) 효종(孝宗)을 알현하였으며, 북경에서 다시 요동반도를 거쳐 약 6개월 만에 압록강을 건넜다. 이전까지 조선인으로서 중국 경제와 문화의 중심지였던 강남 지방(강소성·절강성)과 산동 지방을 여행한 것은 처음 있는 일이었다.

처음 상륙하여 은사(隱士) 왕을원(王乙源)을 만났을 때 "우리 조선 사람은 친상을 당하면 술과 고기, 훈채(葷菜, 파·마늘처럼 냄새나는 채소) 및 맛있는 음식을 들지 않고 삼년상을 마치게 됩니다. 술을 대접받게 되니 은혜에 감격함은 이미 깊었습니다. 그러나 나는 지금 친상을 당했으므로, 감히 사양하겠습니다." 하니, 을원은 마침내 신에게는 차(茶)를 대접하고, 종자들에게는 술을 대접하고는 이내 묻기를 "조선에도 불교가 있느냐?"는 질문을 받고, 최부는 "우리나라에는 불법을 숭상하지 않고, 오로지 유술(儒術)만을 숭상하여 집집마다 효제충신으로서 업을 삼는다."라고 잘라 말하였다.

《표해록(漂海錄)》 '잡록(雜錄)'에는 중국 사람의 풍습과 생활상을 기록하고 있는데 조선과 사뭇 달라 쉽게 이해가 되지 않는 점도 기술하

고 있다.

"강남(중국 양쯔 강 이남의 지역으로, 현재의 행정 구역상으로는 장쑤성·안후이 성·저장 성 등을 포함하며, 지형적으로 우평야와 양쯔 강 델타 등이 포함된다)은 상제(喪制)와 중이 더러 고기를 먹으나 훈채(葷菜)는 먹지 않는데, 강북은 모두 고기를 먹고 훈채를 먹으니, 이것이 강남과 강북의 다른 점입니다. 그들의 동일한 점은 다음과 같습니다. 귀신을 숭상하고 도교(道敎)와 불교를 존숭하며, 말할 때는 반드시 손을 흔들고 성낼 때는 반드시 입을 찡그리면서 침을 뱉고, 음식은 거친 음식도 탁자(卓子)에 같이 차리고 그릇에 같이 담아서 번갈아 젓가락질을 해서 먹으며, 이(蟣蝨)는 반드시 입에 넣어서 씹고, 다듬잇돌과 방망이는 모두 돌을 사용하고, 맷돌을 돌릴 적에는 당나귀나 소를 부리며, 시점(市店)에는 주기(酒旗)를 세웁니다."

제주의 표류인 만주(萬珠) 등[첨지(僉知) 서후(徐厚)의 종]이 아뢴 내용은 다음과 같다.

"2월 20일에 제주에서 신공[身貢, 노비가 신역(身役) 대신에 바치는 공물(貢物)]을 배에 싣고 떠나 추자도(楸子島)에 닿았을 때, 폭풍을 만나 표류되어 윤2월 1일에 중국 남경(南京) 회안위(淮安衛) 지방에서 정박하여 현지인과 표류인이 서로 기이하게 바라보고 지낸 내용이 있다.

"회안위에는 육사(六司)가 있는데 육사가 저희를 둘러본 다음 사창(司倉)에 유치(留置)시키고 하루 세 끼를 거르지 않고 음식을 주었습니다. 그런데 한 끼마다 일인당 쌀 두 되, 돼지고기 한 근, 그리고 간장·식초·생강·마늘 등이 들어 있었습니다. 이곳에 있을 때도 구경꾼

은 매일 뜰을 가득 메울 정도로 모여들었는데 군사들이 문을 지키며 금지하자 은(銀)을 뇌물로 바치고 들어와 보는 사람도 있었습니다." 표류인의 행동은 부자유스러웠으나 먹을 것은 충분히 제공되었던 듯하며 생강, 마늘 같은 훈채도 제공되었다.

바다를 표류하다가 중국에 도달하여 여러 정황을 겪고 심양(瀋陽)에서 돌아온 표류인인 전라도 제주목(濟州牧)의 선인(船人) 부차길(夫次吉) 등 8명을 현차(縣次, 이 고을에서 저 고을로 전해 가면서)로 체송(替送)하여 조금 전에 올라왔기 때문에 본사의 낭청으로 하여금 자세히 문정(問情, 사실 조사)하게 한 뒤에 공술(供述)한 사연을 올려보내면서 표류인들이 내려갈 때에는 연로(沿路)의 각도(各道)에 분부하여 잘 먹이게 하고, 그들 중에 병으로 보행이 어려운 자가 있으면 쇄마(刷馬, 민간에서 세를 주고 징발한 말)를 체급(替給)하게 하며, 이들은 이역(異域)에 표류하여 온갖 죽을 고비를 넘기고 살아 돌아온 사람들이니 각별히 돌봐주도록 중앙 정부에서 지방 관속들에게 각별히 살펴줄 것을 청하는 글이다.

표환인들이 심양에서 있었던 일을 구술한 내용을 보면,
"…… 심양에 도착하자 관가에서 저희들에게 일일이 공초를 받은 뒤에 공관(公館)에 감금하고 각각 단장의(單長衣)・단고(單袴, 속바지)・이자(履子) 한 벌씩을 지어 주었으며 식량은 체류한 15일 동안에 쌀과 좁쌀 각 2두를 주고 반찬은 주지 않아 감호(監護)하는 군인들에게 사정하여 감장(甘醬, 단간장)・파・마늘 등속을 사서 반찬으로 먹었습니다. ……"

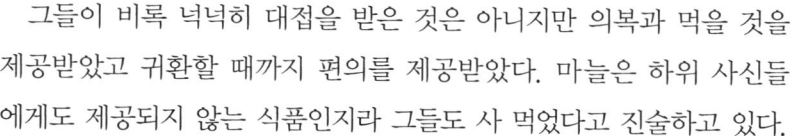

그들이 비록 넉넉히 대접을 받은 것은 아니지만 의복과 먹을 것을 제공받았고 귀환할 때까지 편의를 제공받았다. 마늘은 하위 사신들에게도 제공되지 않는 식품인지라 그들도 사 먹었다고 진술하고 있다.

제주(濟州) 좌면(左面)의 선인(船人)으로, 영조 2년(1726)년 2월 9일에 손응선(孫應善) 등 9명이 중선(中船)을 갖고 이전하는 것을 실어 나르는 일로 출발하여 해남(海南)으로 향해 가다가 겨우 반을 지나 갑자기 광풍을 만나 능히 배를 제어하지 못하고 바람 따라 표류하여 큰 바다로 나아가 혹은 동쪽 혹은 서쪽으로 떠서 향하는 곳으로 가지 못하고 이와 같이 48일간 표류한 기록도 있으며 위의 부차길 등이 겪은 과정을 거의 그대로 밟았다. 그들이 움직임은 아주 제한을 받았으나 먹을 것은 전의 부차길이 받은 대접보다 훨씬 좋아 보인다. 고기나 마늘, 술 등과 같은 양찬(糧饌)・기명(器皿)을 주어 직접 조리해 먹도록 한 것을 보면 표류인이 도착한 지역에 따라 대접이 다르다는 것을 알 수 있다.

3. 일본과의 관계와 마늘

조선 태종과 세종 시대에는 대마도를 신하국처럼 대하였다. 이때 대마도주에게 보낸 물품에 옷감과 먹을 것을 보냈는데 여기에 마늘도 포함되어 있었다. 호피(虎皮)・표피(豹皮)도 보낸 것을 보면 호랑이나 표범이 우리 산하에 흔히 살고 있는 것을 알 수 있다.

특히 세종 시대에는 예조에서 대마주에게 '족하(足下)'라는 호칭을

하면서 선대부터 우리나라를 공손히 섬겼다고 기록하였다. 일부 바닷가 주민을 괴롭히는 대마도 사람이 있어 이를 방금(防禁)하는 데 힘을 바쳐서 우리 조정에서도 대마도주가 요구하는 것을 거의 들어주었는데 요구 사항이 지나친 경우도 있었던 것으로 추정된다. 세종 시대에 보낸 물품은 태종 시대보다 훨씬 다양하고 양이 많아 산물이 부족한 대마도의 형편을 알 수 있다. 보내 준 토산물 중에는 불경, 면포, 저포, 마포, 동물의 가죽, 곡식류, 건어류, 다식, 잣, 꿀 등과 함께 향신료 중에는 유일하게 마늘을 계속 보내 주었다.

1443년(세종 25)에 서장관(書狀官)으로 일본에 다녀온 신숙주(申叔舟, 1417~1475)가 1471년(성종 2) 왕명을 받아 그가 직접 관찰한《해동제국기》는 일본의 정치·외교 관계·사회·풍속·지리 등을 종합적으로 정리, 기록한 책으로 15세기의 한일 관계와 일본 사회 연구에 귀중한 자료이다. 그중 어음 번역(語音飜譯)이라는 한자를 일본말로 읽고 한글로 토를 달아 일본어의 소통에 작은 도움을 주었다. 식생활과 관련된 단어만 정리해 보면 여기에 나온 한자는 대부분 지금도 일본에서 사용되고 있으나 읽는 법이 다른 것이 많다.

芥末　→ 난다리카다시 : 개자가루.

胡椒　→ 코슈 : 후추.

川椒　→ 산시오 : 조피나무.

生薑　→ ᄉᆞ옴가 : 생강.

葱　　→ 깅비나 : 파.

蒜　　→ 픠루 : 마늘.

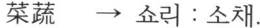

菜蔬　→　쇼리 : 소채.

燒茶　→　차와가시 : 차를 끓이다.

甛　→　아미스 : 맛이 달다.

苦　→　리가스 : 맛이 쓰다.

酸　→　쉬사 : 맛이 시다.

淡　→　아바사 : 맛이 싱겁다.

鹹　→　시바가나쓰 : 맛이 짜다.

辣　→　카니스 : 맛이 맵다.

임진왜란 시 침공 2년 후인 1594년 부터 도요토미 히데요시가 명나라와 화친을 맺으면서 하삼도(경상도, 전라도, 충청도)를 자기 것으로 해달라고 요청을 하며 2만 명의 군사들이 부산에 진을 치고 압박을 가하며 임진왜란 이후 5년이 지난다. 정전 기간 중에는 백성들은 일상으로 돌아가긴 했으나 왜군들이 지배하는 영역이 있어 우리나라 사람으로서 적에게 투항한 자들을 왜적이 분류(分類)하여 둔락(屯落)을 만들고 우리나라에서 투항한 자를 둔장(屯長)으로 삼아 기올(其兀)이라고 명명하는데, 이것은 우리나라의 권농관(勸農官)과 같은 것으로서 각 둔락에 잡혀 와 있는 백성들을 주관하게 하였다. 백성들은 농사의 터전을 잠시 떠나 피난 생활을 하였지만, 계속되는 정전 기간에 농사를 포기할 수 없어 투항하여 농사를 짓기로 한 사람들이 있어 그들을 탓하기만 할 수도 없는 형편이었다. 그래서 해변에는 가을보리를 많이 심고 마늘도 많이 심었는데 농사의 작물의 종류도 아마 통제를 받았을 것으로 추정된다.

월봉(月峯) 정희득(鄭希得, 1575~1640)이 정유재란 때 영광 묵방포 칠산에서 일본군에게 붙잡혀 그의 형 경득과 함께 일본까지 끌려가 생활한 것을 1613년(광해 5)에 정리한 책이 《해상록(海上錄)》이다. 해상록에 12월의 일본 풍경을 쓴 것을 보면 "한 채마밭에 마늘잎이 푸릇푸릇한 것을 보니 마치 봄날 같았다. 이 나물은 곧 어머님이 즐기시던 것이라, 추모(追慕)의 애달픔에 오장이 무너진다. 왜국은 기후가 따뜻하여 겨울에도 나물이 푸릇푸릇하다."라고 써 일본에서도 마늘을 가을에 파종한 것으로 보인다.

《부상록(扶桑錄)》은 1655년(효종 6) 조선 중기의 문신 남용익(南龍翼)이 종사관으로 일본에 다녀오면서 기록한 사행록(使行錄)이다. 사행은 관례에 따라 도쿠가와(德川家綱)의 습직(襲職)을 축하하기 위한 것이었다. 1655년(효종 6) 6월부터 이듬해 2월까지 9개월간의 기록이다.

대마도주가 전례에 의하여 바친 하정 물목(下程物目) 5일분으로 백미 1석 11두 9승, 술 1석 10두 4승, 감장(甘醬) 7두 4승, 간장 8승, 소금 4두 3승, 기름 4승, 초(燭) 15정(丁), 닭 10수(首), 방어(魴魚) 16미(尾), 마른 고등어 2미(尾), 생전복 67개(介), 돼지발 35개, 표고버섯 4승, 감자(薯) 4승, 건어(乾魚) 1백 99미(尾) 반(半), 미역 8속(束) 반, 장과(醬果, 장아찌), 양이미(兩耳米), 개자(介子), 묵초(黙草), 대근(大根), 파, 생선, 마늘, 미나리, 두부, 고사리, 산초(山椒), 초(醋)이었다. 하정 물목은 사신단의 직위에 따라 다르게 제공되었다.

《해사록(海槎錄)》을 기록한 사람은 많으나 여기서는 조선 중기의 문신 김세렴(金世濂)이 통신부사(通信副使)로 일본에 다녀오면서 보고

느낀 것을 기록한 사행일록(使行日錄)이다. 이 사행은 일본 측의 요청에 따라 임진왜란 후 처음 가는 정식 사행으로, 그 임무는 수호와 회답 겸 피로인쇄환(回答 兼 被虜人刷還)이었다. 8개월간을 일기 형태로 기록하였는데 사신으로 행동이 자유롭지 못했을 텐데 매우 넓은 영역을 상세히 기록하고 있어 사실과 다른 내용도 있을 것으로 추정된다. 눈으로 본 외형적인 것만을 기록했다고 하나 제도, 관습, 지역별 주민의 성정, 천황제도 등도 기록하여 놀라울 따름이다.

천황이 기거하는 궁중에 하나의 재궁(齋宮)을 지어 제천(祭天)하는 곳으로 만들고 보름 전에는 고기와 훈채를 먹지 않고 목욕재계(沐浴齋戒)하며, 아침까지 촛불을 밝히고 향을 피우며 하늘에 예를 올리고 보름지난 뒤에라야 오락(娛樂)과 놀이를 하였다 한다. 과실에 대한 평가도 기록하여 과실(果實)은 귤·감귤·감·배·유자·노귤(盧橘)이 가장 좋고, 대추·밤·살구·능금·황자두(黃紫桃)는 어디서나 생산된다. 밤은 크기가 달걀만 하고, 감은 익지 않아도 맛이 아주 달고 연하여 우리나라 남양(南陽)의 물감(水柿)보다 낫다.

"무는 뿌리가 가늘고 길며, 배추는 줄기가 가늘고 맛이 좋지 않다. 집집마다 양하(蘘荷)·생강을 심는데, 생강은 매우 크고 맛도 좋다. 우엉을 즐겨 먹으며, 오이는 밭에 심기를 좋아하지 않고 흔히 울타리 근처에 심는다. 과실 중에서는 잣·호두가 나지 않고, 채소 중에서는 수박이 나지 않고, 음식 중에서는 벌꿀이 나지 않는다. 후추·담배·설탕 따위는 모두 일본에 흔한 물건이지만, 일본에서 나는 것이 아니라, 모두 남만(南蠻)에서 나는 것이며, 담배만은 그대로 생산되게 되었다."

또 일본의 식생활에 대하여도 상세히 기록하고 있다.

"끼니마다 두어 줌의 쌀밥에 나물국 한 공기와 생선회와 장아찌 등 세 가지에 지나지 않을 뿐이다. 한 그릇에 담은 것이 매우 적고 먹는 대로 다시 더하여 남기는 것이 없게 한다. 회는 매우 거칠고 단단하여 새끼손가락만 한데, 한 그릇에 담은 것이 5, 6가닥일 뿐이며 초를 섞었다. 밥을 먹은 뒤에는 으레 청주(淸酒) 두세 잔을 마시고, 술마신 뒤에는 과일상이 나오며, 과일을 먹은 뒤에 차를 마신다. 비록 지체가 낮은 왜인이라도 조금 먹기에 넉넉한 자는 역시 그러하므로 저자에서 술 사는 것을 가장 숭상한다. 하루에 세 끼니를 먹는데, 졸개인 왜인은 으레 두 끼니를 먹는데, 역사(役事)하는 일이 있어야 세 끼니를 먹는다. 다만, 장관(將官) 외에는 모두 적미(赤米)로 밥을 짓는데, 모양이 구맥(瞿麥) 같아 자못 목구멍에 잘 내려가지 않는다."

일본의 식문화는 그 당시에도 소식 위주 식생활이었기 때문에 푸짐함을 미덕으로 알고 있는 조선의 사신들에게는 부족한 느낌이 들었을 것이다. 식사 횟수도 조선과 마찬가지로 세 끼라고는 하나 지체에 따라, 농번기의 농사일에 따라 세 끼를 먹었으나 평상시에는 두 끼를 먹는 때가 많았다. 쌀은 일본도 백미를 좋아하였으며 적미는 우리나라에서 앵미라고 부르는 것처럼 하급미로 취급하였다. 현재는 유색미가 더 좋은 쌀처럼 취급하지만 동서양을 막론하고 주식의 백색은 귀천을 구분하는 지표 역할을 하였다.

　신유한(申維翰)의 일본 파견은 조선 후기인 1719년, 제9차 통신사가 파견되었던 때이다. 그 전 해인 1718년에 새로 장군직을 맡은 도쿠가와 요시무네의 습직을 도쿠가와 막부가 통보하면서 축하 사절로 통신사의 파견을 요청해왔다. 조선 조정은 많은 논란 끝에 파견을 결정하게 된다. 당시 신유한은 제술관이라는 직책으로 통신사 일행의 문사에 관한 것을 주관하면서, 다른 한편으로는 일본 문사들과 교류를 담당하는, 말하자면 문화 교류를 위한 총책임자의 역할을 담당하게 되었다. 《해유록(海游錄)》은 그의 사행록이다.

　6대의 배에 타고 떠나는 금번 행차에 대하여 우리나라에서 기쁘게 가는 것이 아니라 일본의 요청에 의하여 이루어진 사행이기 때문에 신명(神明)에게 명을 청하였다. 현재 배에 타고 있는 관직이 있는 사람으로부터 이하 창 든 사람·서리(胥吏)·하인·뱃사람 등, 제사에 참여하지 않는 것을 물론하고, 무릇 우리 배를 같이 타고 일본에 가는 사람도 각각 2일 동안 경계하고 1일 동안 목욕재계하되, 술·담배를 끊고 고기·파·마늘 등을 먹지 않고 풍류를 듣지 않으며 감히 사사로이 히히덕거리거나 밤낮으로 반드시 깨끗하게 하여 본 행차에 대한 마음가짐을 새롭게 하고 있었다.

　조선 1763년(영조 39)에 조엄(趙曮)이 통신 정사로 일본에 다녀오면서 기록한 사행 기록을 《해사일기(海槎日記)》로 남기었다. 그중 대부분은 일기체나 산문 형식이 아닌 시로써 표현하고 있다.

검은 장삼 입은 중이 육식하고 파 마늘 먹는 것 괴이하네	披緇多怪血葷僧
왜황이건 관백이건 두려워할 까닭 없고	倭皇關白都無怕
죽이고 살리는 건 원래 태수의 능사라네	生殺元來太守能

일본(日本)은 고려(高麗) 고종(高宗) 45년(1258)부터 시작된 왜구의 침탈 역사는 남해와 서해의 도서는 물론 내륙까지 피해를 주었다. 왜구들은 서해안으로는 평안도, 동쪽으로는 함경도 북청까지 침탈지역을 넓히고 있었다. 일본이 하이국(북해도의 옛 이름)에 대한 침략 과정을 이덕무(李德懋, 1741~1793)는 《청장관전서(靑莊館全書)》 '비왜론(備倭論)'에서 기술하고 있다.

"하이(蝦夷) 사람들은 짐승의 털로 옷을 짜 입고 생선 기름을 마시는데 수염이 새우와 같이 길고, 다니는데 발걸음 소리가 나지 않으며 높은 곳에 올라가고 험한 길을 다니는데 금수(禽獸)보다 빠르고 물밑으로도 다닐 수 있어 용맹스럽고 사납기가 비교할 데 없다. 그리고 화살을 상투에 감추고 칼은 옷 속에 차며 초오두(草烏頭)의 약(藥)을 활촉에 발라 사람에게 쏘아서 그 화살에 맞으면 살이 썩어 문드러지므로 빨리 상처를 긁어내고 생마늘(生蒜)을 찧어 붙여야 비로소 살아날 수 있다. 그들이 일찍이 일본을 침략했었는데 일본의 왕자(王子) 무존(武尊)이 토벌하여 평정하고서 노국(奴國)으로 삼았다."

근세에 동래(東萊)에 사는 사람도 전에 표류하여 하이(蝦夷)에 도착했다가 돌아왔는데, 하이의 경계는 우리나라 북관(北關)과 서로 가까

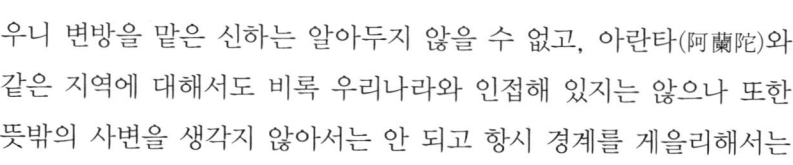

우니 변방을 맡은 신하는 알아두지 않을 수 없고, 아란타(阿蘭陀)와 같은 지역에 대해서도 비록 우리나라와 인접해 있지는 않으나 또한 뜻밖의 사변을 생각지 않아서는 안 되고 항시 경계를 게을리해서는 안 된다는 의견을 제시한 바 있다.

하이국은 군장(君長)의 호칭을 사구사윤(沙具沙允)이라 하고 귀릉(鬼菱)이라고도 부르며, 그 나라에는 글자가 없었다. 은혜를 받고서는 잊으나 원수지면 갚으며, 화살 묶음을 머리 속에 감추고 칼을 옷 안에 찬다. 경행(景行, B.C. 71~A.D. 130) 때에 군사를 내어 하이를 토벌하매, 하이가 일본의 종나라(奴國)가 되었다. 물고기 기름(魚脂)을 마시는데, 지주(脂酒)라 한다. 활을 쏘면 멀리 가지는 않으나, 쏘면 반드시 짐승을 맞힌다.

사신이 일본이나 중국을 여행할 때 경유하는 지방의 관아에서는 일정한 식품이나 생활 용품을 제공하는 것이 손님을 접대하는 예(禮)이다. 제공되는 물목은 그 지역의 형편이나 생산물의 차이에 따라 다르게 제공한다. 일본을 사행시는 오일하정(五日下程)이라고 하여 5일마다 하정품을 제공한다. 김건서(金健瑞)가 쓴 《증정교린지(增正交隣志)》(1802년 간)를 보면 일본 사행시 각 섬이나 도시마다 제공되는 쌀의 양이 직위에 따라 달라 사신에게 대마도(對馬島)에서는 5수두(手斗), 일기도(一岐島)에서는 5수두, 대판성(大坂城)에서는 7수두, 왜경(倭京)에서는 9수두, 강호(江戶)는 26수두를 지급하였다.

이렇게 많은 양의 하정품을 제공하다 보니 통신사가 돌아올 때 왜인이 사행의 일공(日供)하고 남은 쌀이 수백 섬이나 되어 가지고 올

수도 없는 물목이 꽤 많았던 듯하다. 그래서 일본에서 그 쌀을 황금으로 바꾸어 주었는데 사신이 이를 바다에 버려 나라의 품위를 지키려 하였다. 그 후 숙종 8년(1682)에는 그 수량이 너무 많아 도주와 논의하여 조금씩만 받도록 하였다. 하정 품목에는 술, 담배, 겨자, 파, 마늘도 다른 일상 용품과 함께 제공되었다.

순조(純祖) 19년(1819)에 기록한 충청감영(忠淸監營)의 《각사등록(各司謄錄)》 '충청병영계록(忠淸兵營啓錄)'을 보면 일본국 살마주(薩摩州)에 사는 일고여일우위문의병(日高與一尤衛門義柄) 등 3인이 중(中) 3인과 하(下) 19인을 거느리고 자기 관할에 속하는 영량부도(永良部島)를 순찰(順察)하고 후직(後職)과 교대하고 돌아가다가 풍랑을 만나 배가 부서지고 표류하다 충청 지역 서해안에 표도(漂到)하였다고 기록되어 있다.

비변사와 병조에 올려 보낸 성책(일본 배에 실려 있던 물품 목록)에는 칼, 항아리류, 술, 목함(木函), 칠목기(漆木器)와 같은 목기류가 많았고 식품으로는 황개자(黃芥子)와 마늘(蒜)이 들어 있었다고 기록하여 일본국에서도 마늘이 일상생활에 중요한 품목이었던 것으로 추정된다.

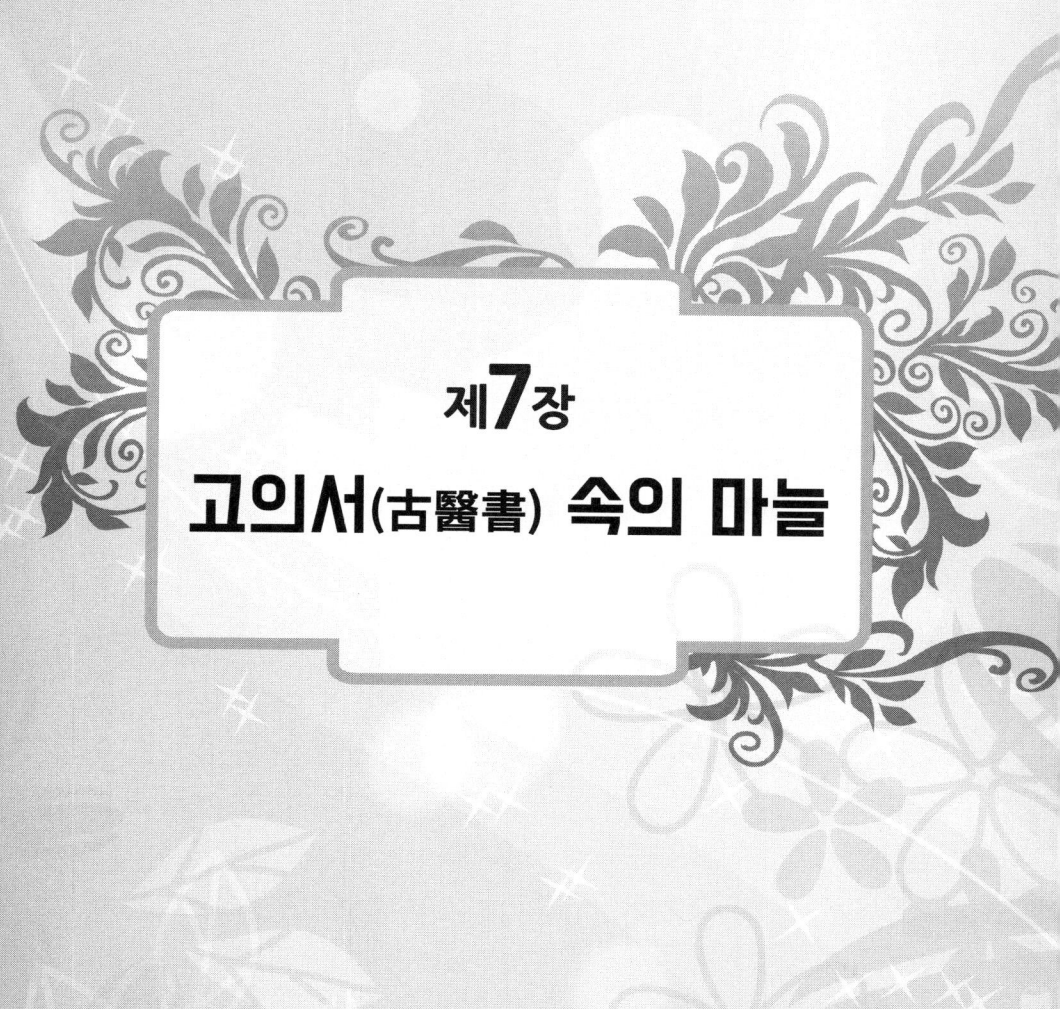

제**7**장
고의서(古醫書) 속의 마늘

제7장 고의서(古醫書) 속의 마늘

1. 마늘의 질병 예방과 치료 이용

《청장관전서(靑莊館全書)》는 이덕무가 내탕금을 받아 정조 19년(1795) 그의 시문과 저술을 모은 백과사전과 같은 책이다.

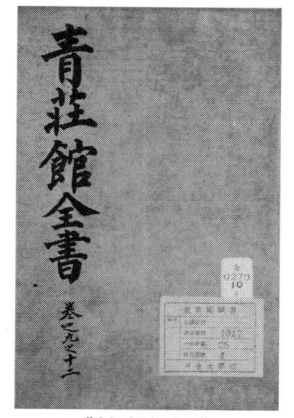

《청장관전서》

"상산현(象山縣)에 수종(水腫)을 앓는 마을 백성이 있었는데, 귀신의 화액(禍厄)이라 하여 점쟁이에게 물었더니, 점쟁이가 약방문을 주었다. 우렁이·큰 마늘·질경이를 갈아 고약을 만들어 큰 떡같이 이겨서 배꼽 위에 덮어 두면 물이 소변을 따라 나온다는 것이 었는데, 그렇게 하였더니 수일 만에 드디어 나았다." 하였다.

《다산시문집(茶山詩文集)》은 정약용(1762~1836)의 전집인《여유당전서(與猶堂全書)》중에서 시문집 22권을 10책으로 간행한 책이다.

다산의 나이 8~9세 때였다. 초가을에 강의 게가 살찌기 시작할 무렵 온 식구가 모두 그것을 먹었는데, 얼마 있다가 독이 퍼져 안팎

의 어른이나 아이 할 것 없이 모두 호흡 곤란으로 죽게 되었다. 공은 중독이 더욱 심하였으나 배를 움켜 안고 참아 내며 몸소 약물을 만들었다. 동과(冬瓜, 동아)·호산(胡蒜, 마늘)·소엽(蘇葉, 차조기의 잎) 등을 갈기도 하고 삶기도 하여 그 위급함을 구하였다. 나의 어머님과 형 그리고 누이 모든 사람이 이에 힘입어 살 수 있었으니, 온 집안이 그의 강인하고 인자함에 모두 감복하였다고 기록하고 있다.

《구급이해방(救急易解方)》은 연산군 5년(1499)에 간행된 의서이다. 왕은 내의원 도제조 윤필상(尹弼商), 제조 홍귀달(洪貴達), 부제조 정미수(鄭眉壽)와 내의 김흥수(金興壽)로 하여금 여러 의서(醫書) 가운데 있는 질환 중에서 가장 위급한 것들과 약재들 가운데 쉽게 구할 수 있는 것들을 골라서 따로 하나의 책을 엮도록 명하고, 또 언해로 번역하도록 명하였다. 이미 책의 이름을 《구급이해방》이라 하여 임금이 직접 내려주어 작성된 책이다.

이 책에 마늘에 관련된 내용을 보면,

'충상(蟲傷)'편에 뱀에게 물리거나 독벌레에게 쏘여서 몹시 아픈 것을 치료하는 경우, 통마늘을 잘게 썰어서 물리거나 쏘인 데에 놓고, 그 위에 쑥뜸을 떠서 열기가 속속들이 미치게 한다. 지네나 전갈에 물리거나 쏘인 데를 치료할 경우, 후추를 찧거나 갈아서 문지른다. 마늘이나 생강도 모두 좋다.

'수상(獸傷)'편에서는 범, 곰, 돼지, 쥐, 고양이에 물리거나 상처를 입었을 경우 처치 방법을 기술하였다. 흔히 기르는 개에 대한 기술은 없고 호랑이나 곰과 같이 지금은 볼 수 없는 야생동물이 사람들에게

피해를 주었던 일이 있던 시대이다. 곰이나 범에게 물린 데를 치료하는 경우, 마늘과 술을 복용한다. 위와 같은 내용은 그 시대 최고의 의술을 가진 전문가 집단에서 왕명으로 만든 내용이기 때문에 효과는 의심스러워도 그 시대의 최고 처방이다.

조정에서 공식적으로 만들어진 내용은 아니라도 조선에 온역(瘟疫) 질환이 가장 활발히 유행했던 16세기에서 17세기 사이에 생존하였던 의학지식을 가진 인물로 추정되는 익명의 작가가 쓴 《벽온방(辟瘟方)》이라는 의서가 있다.

《벽온방(辟瘟方)》에는 '又方'으로 시작되는 29개의 짧은 치법들이 나열되어 있다. 이 치법들은 몸에 약재를 지니거나 복용하는 방법에서부터 주문을 외우거나 부적을 간직하는 방법에 이르기까지 다양한 편이다. 여기에 사용된 약재들은 웅황(雄黃), 향유(香油), 측백엽(側柏葉), 적소두(赤小豆), 송엽(松葉), 복숭아나무 가지(桃枝), 순무김치국(溫蕪菁菹汁), 파(蔥), 부추(韭), 마늘(蒜), 염교(薤), 생강(薑), 고삼(苦參), 창출(蒼朮), 대나무(竹), 쑥으로 만든 인형(艾人), 창포주(菖蒲酒), 꿀(蜜), 주사(朱砂), 측전초(廁前草), 강진향(降眞香), 우분(牛糞), 조협(皂莢), 자감초(炙甘草), 인뇨(人尿), 마제설(馬蹄屑), 암퇘지의 똥(母猪屎), 숫여우의 똥(雄狐糞), 수달 고기(獺肉), 승마(升麻) 등이다. 이들은 주로 주변에서 구하기 쉬운 약재들로서 향약(鄕藥)의 구체적인 활용 예라고 할 수 있다.

홍만선(洪萬選)이 지은 《산림경제(山林經濟)》에는 많은 처방이 수록되어 있다. 자신이 수집한 내용도 있지만 전에 간행된 서적에서 인용

한 것으로 게의 독을 해독(解毒)하는 방법에 대한 내용이 있다.

게(蟹)가 서리를 맞지 않은 것은 독이 있다. 그에 중독된 자는 생우(生藕, 연뿌리)의 즙이나 동과(冬瓜)를 달인 즙이나 마늘즙이 모두 좋다. 또 자소엽(紫蘇葉) 달인 즙을 먹인다. 또 흑두즙·시즙(豉汁)이 모두 독을 풀어 준다. 《동의보감》·《지봉유설》에 "중독되면 혹 죽기도 하는데 급히 동과(冬瓜)·자소(紫蘇)·대황(大黃)을 즙내어 먹여서 해독하면 즉시 낫는다." 하였다.

- '목양(牧養)'편의 말 기르기(養馬)에는, 물이나 풀을 잘 먹지 않는 것을 치료하는 방법은, 껍질을 벗긴 계란 1개, 비둘기 알이면 2개. 참기름 3홉, 꿀 3홉, 웅담 1전 반, 짓이긴 마늘 1개, 두림주(豆淋酒) 검은콩(黑豆)을 볶아서 한창 뜨거울 때 술에 넣은 것 1되를 섞어서 공복(空腹)에 부어 넣으면 낫는다.

- '구급(救急)' 중 중서(中暑)에는, 생강 한덩이나, 마늘 한쪽을 물에 갈아 먹인다. ―《동의보감》
  마늘 한 줌을 길가의 햇볕 쬔 흙과 섞어 갈아서 새로 길어온 물에 타 가라앉혀 찌꺼기를 버리고 먹이면 약 기운이 뱃속에 들어가는 즉시 살아나는데 이것은 신인(神人)의 비급방(備急方)이다. ―《전방》

- '구급(救急)' 졸심통[猝心痛, 심통(心痛)의 하나로 갑자기 가슴이나 명치 밑이 아픈 증상임]에는, 소합원(蘇合元) 5~6알을 강탕(薑湯)이나 따뜻한 술에 타서 먹인다. 생계란(生鷄卵)을 초(醋)에 넣어 흔들어서 먹인다. 백

초상(百草霜) 가루 2전을 뜨거운 오줌에 타서 먹인다. 또 염탕(鹽湯)을 많이 먹여 토하게 해서 담이 나오면 즉시 통증이 그친다. 또 웅담(熊膽) 콩알만큼을 물에 타 먹이고, 또 현호색(玄胡索, 쌍떡잎식물 양귀비목 현호색과의 다년초) 1~2전을 따뜻한 술에 타 먹인다. 애엽을 짙게 달여 먹인다. 또 총백탕(蔥白湯)도 좋다. 부추즙은 혈통(血痛)을 제거하며 마늘즙은 급통(急痛)을 치료한다. 만약 번조(煩燥, 가슴속이 달아오르면서 답답하고 편치 않아 손발을 버둥거리는 증)하거든 메주 5홉을 물 3잔에 먼저 1잔 반이 되도록 달여 찌꺼기를 버린 다음 치자(梔子) 14개를 넣고 다시 달여 1잔이 되면 찌꺼기를 버리고 먹인다. 또 식도(食刀) 끝쪽에 소금 1순갈을 놓고 탄불에 올려놓아 빨갛게 되기를 기다렸다가 가늘게 부수어서 한 보시기의 물에 넣고 잘 섞이도록 갈아서 먹이면 잠깐 사이에 토출되어 즉시 낫는다.   –《동의보감》·《허방》

- '구급(救急)'편 뇌배종(腦背腫, 뇌와 등이 붓는 증상)의 처방으로는, 종독(腫毒)의 뿌리가 뻗어가는 곳에는 개 쓸개의 묵즙(墨汁)을 마늘즙에 타서 빙 둘러 발라주되 자주 발라줄수록 더욱 좋다. 그 독기가 무리지기를 기다려 조금씩 쓸어 점차로 발라 들어가서 종두(腫頭)의 곁에까지 이르면 독기가 모여들어 종두가 곪는다. 파종(破腫)한 뒤에는 찹쌀밥을 붙여주는 것이 고름을 빨아내는 데 가장 좋으며, 유근피(楡根皮, 유백피, 느릅나무의 뿌리껍질을 말린 것)를 짓찧어 붙여도 좋다.   –《문견방》

- '구급(救急)' 정종[疔腫, 창양(瘡瘍)의 하나. 정창(丁瘡), 정종(丁腫), 정종(疔腫), 정독(疔毒), 자창(疵瘡)이라고도 한다. 창양은 겉에 생기는 여러 가지 외과 질환

과 피부 질환을 통틀어 말한다]의 처방으로, 뜸뜨는 법으로는, 마늘을 문드러지게 짓찧어 정창의 네 주위에 발라주고 또 정의 꼭대기에 머물러 놓고는 쑥으로 백장(百壯)을 떠서 마늘이 마르는 것으로 효력을 삼는다. 마늘이 마르지 않으면 고치기 어렵다.　　 －《동의보감》

- '구급(救急)' 사전창(蛇纏瘡)의 처방으로는, 창(瘡)에는 머리와 꼬리가 있어서 엄연히 뱀의 형상과 같다. 처음 시작할 때에 마땅히 마늘로 사두의 머리 위를 막고 뜸을 뜨고 웅황(雄黃)을 가루로 만들어서 초(醋)에 개어 붙이거나, 또는 술에 타서 먹인다.　　 －《동의보감》

- '구급(救急)'편 뱀에게 물렸을 때에는, 사석(蛇螫, 뱀에 쏘인 것)의 독은 빨리 뜨거운 오줌으로 씻어서 피를 낸 다음에 침을 발라준다. 또 똥을 두껍게 붙이고 베로 싸매 주면 즉시 없어진다. 또 급히 좋은 초(醋) 두 사발을 먹여서 독기가 피를 따라 전신에 돌지 못하게 해야 하는데 청유(淸油, 참기름)도 좋다. 무릇 사독(蛇毒)에는 독두산(獨頭蒜, 외톨마늘)이나, 소산(小蒜), 수료(水蓼), 고거(苦苣), 두엽(豆葉), 임엽(荏葉, 들깻잎) 등을 즙내어 먹이고 찌꺼기를 붙여준다. 또 생하막(生蝦蟆)을 짓찧어 붙여주고 또는 생계란에 작은 구멍을 뚫어 물린 곳에 씌워주거나 또 우이중구(牛耳中垢, 소 귓속의 때)나 저이중구(猪耳中垢, 돼지 귓속의 때)를 채취하여 붙여준다.　　 －《동의보감》

- 지네에게 물렸을 때는, 지네에게 물린 데는 거미(蜘蛛), 말거미를 잡아 물린 곳에 놓아두면 스스로 독을 빨아먹는데 거미가 죽으면 즉

시 물속에 넣어 살려내고 다시 산 놈을 사용하여 빨아내게 한다.
또 오계혈(烏鷄血, 검은닭 피) 및 오계시(烏鷄屎) 닭똥이 말랐으면 물
에 개어 발라준다. 또 독두산(獨頭蒜, 홑마늘)을 갈아서 바르거나,
와우(蝸牛) 집진달팽이를 즙내어 발라준다.　　　　　－《동의보감》

- '치약(治藥)'편에는 신선태을자금단방(神仙太乙紫金丹方)의 처방이 있
다. '산자고(山茨菰, 외떡잎식물 백합목 백합과의 여러해살이풀)의 껍질을 제
거하고 깨끗이 씻어 배건한 것 2냥.《본초》에, 산자고(山茨菰)의 뿌리
는 약간의 독이 있다. 옹종(癰腫)·창위(瘡痿)·나력·결핵 등의 주약으
로 초(醋)에 불려 찧어 붙인다. 또 사람의 얼굴에 발라주면 검은 기
미가 제거된다. 그것은 습지에서 나는 것으로 금등롱(金燈籠)이라고
도 하고 녹제초(鹿蹄草)라고도 하는데, 잎은 차전(車前)과 비슷하고
뿌리는 자고(玆菰)와 비슷하다. 영릉(零陵) 사이에 또 단자고(團茨菰)
란 것이 있는데 소산(小蒜, 작은 마늘)과 비슷하고 주치(主治)하는 약
효도 이것과 대략 같다.' 하고, 구선(臞仙)은 다음과 같이 말하였다.
"사람들이 산자고를 모르고 노아산(老鴉蒜)을 그것으로 오인하기 때
문에 약을 써도 효력이 없다. 산자고는 속명(俗名)이 금등롱(金燈籠)
으로 잎이 부추와 비슷하고 꽃은 등롱(燈籠)과 비슷하다. 빛깔은
흰 바탕에 검은 점이 있고 세모꼴의 열매를 맺는다. 2월에 싹이 돋
고 3월에 꽃이 피고 4월에 잎이 마른다. 빈 땅에 그것이 있으면 땅
위에 흰 털이 싸고 있으므로 사람들이 모른다. 그래서 싹이 있을
적에 그곳을 표시해 두었다가 가을에 가서 캐야 한다."

지금 상고해 보니, 노아산(老鴉蒜)은 시골 이름이다. 까마귀무릇이라 하는 것으로 산과 들에 많이 난다. 그것은 바로 지금 민가(民家)에서 삶아먹는 것이다. 그런데 뿌리가 작은 것은 서로 비슷하다 하여 중국 사람들이 잘못 사용하고 있었으니, 이미 본래의 산자고는 잃어버린 셈이다. 그리고 우리나라의 의가(醫家)에서도 다시 마산(馬蒜)을 사용하고 있으니 더욱 우스운 일이다. 마산은 잎의 크기가 띠(帶)와 같아서 길이가 1~2척이나 되고, 뿌리의 크기는 주먹만 한데 작은 것은 까치 머리만 하다. 2~3월에 싹이 돋고 6월에 잎이 마르고 7월에 붉은 꽃이 핀다. 높이는 두어 자(數尺) 남짓하다. 따라서 구선이 말한 것과는 아주 다르다. 그런데 세상의 의원(醫員)들이 잘못 사용했고, 또 책에 기록까지 하여 《구급간이방(救急簡易方)》의 산자고 아래에 언문 글씨로 물무웃이라 썼다. 때문에 뒷사람들 중에는 이를 변증하려는 사람조차 없으니 매우 한심스러운 일이다.

내가 약을 감정하던 겨를에 《본초》·《외과정요(外科精要)》·《활인심방(活人心方)》 등의 책을 뒤적이다가 그것이 잘못된 것임을 알게 되었다. 그 뒤로 산과 들을 수색하여 찾아보았는데, 그것은 바로 지금 농촌의 아이들이 까치마늘이라고 하면서 캐어서 날로 먹는 것으로 생김새는 소산(小蒜) 같았고 맛은 맵지 않았다.

몇 가지 마늘을 이용한 처방이 알려져 있는데 '산밀고(蒜蜜膏)'는 소음인(少陰人) 체질을 가진 사람의 이질(痢疾)에 사용하는 처방으로 마늘에는 유화성분(硫化成分)의 특유한 냄새가 있어서 음식의 맛을 내게 하고 육류나 생선류의 비린내를 제거하는 구실을 한다. 또한, 마늘을 날로 먹으면 체온이 올라가 겨울에도 추위를 이겨낼 수 있

고, 익혀서 먹으면 이질·설사·곽란(霍亂)에 특별한 효과가 있으며 회충(蛔蟲)을 없애는 효력도 있다.

그리고 꿀은 여러 가지 당질(糖質)·단백질(蛋白質)·방향질(芳香質)·무기물(無機物) 등이 함유되어 있어 모든 장기에 좋은데, 특히 위장에 중요한 약이다. 우리나라의 《동의수세보원(東醫壽世保元)》(1894년 이제마)에 이것에 관한 첫 기록이 보이는데, 마늘 3통과 꿀 반 숟가락으로 구성된 매우 간단한 처방이다. 복용 방법은 마늘 3통을 까서 물을 적당하게 붓고 진하게 달인 다음, 마늘은 건져서 버리고 그 물에 벌꿀을 반 숟가락 정도 타서 마신다. 그러나 마늘과 꿀은 아무에게나 쓰는 것이 아니고 반드시 소음인에게 써야 효과가 있다. 이 처방은 민간요법으로도 널리 애용되어 왔다고 하였다.

'강출파적탕(薑朮破積湯)'도 소음인 체질을 가진 사람의 소염(消炎)·이뇨(利尿)·진통(鎭痛)에 사용하는 처방으로 뱃속에 적(積, 뱃속에 생긴 딴딴한 덩어리)이 있어 아랫배가 아프고 딴딴할 때 이를 파적(破積, 파괴시킴)하는 처방이다. 강출파적탕은 《동의수세보원(東醫壽世保元)》에 기록되어 있는 적백하오관중탕(赤白何烏寬中湯)을 가감(加減)한 것으로 적을 없애는 동시에 여러 가지 병 치료에 적용된다. 증세는 가슴에 찬바람이 들어오는 것 같이 느낄 때 이 약을 쓰고, 위장이 허약하여 소화가 잘 안 될 때에 쓰며, 설사가 심하고 또 황달(黃疸)이 생겼을 때 쓴다.

특히 부종(浮腫)에는 먼저 마음을 편안하게 가지고 약을 써야 효과가 있다. 이 처방에는 마늘이 들어 있으므로 이질에 특효가 있으며, 또 소음인에게는 신진대사를 촉진시키는 작용이 있어서 소변이 잘

나오고, 팔다리가 노곤하며 기운이 없을 때 쓰면 효과가 있고 양기도 좋아진다.

처방은 창출(蒼朮)·백출(白朮)·양강(良薑)·건강(乾薑)·하수오(何首烏)·대산(大蒜 : 마늘)·진피(陳皮)·청피(靑皮)·후박(厚朴)·대복피(大腹皮) 각 4g, 백작약·감초구(甘草灸) 각 2g으로 구성되었다. 약성(藥性)으로 보아 소염·이뇨·진통작용을 하는 약으로 흉막염(胸膜炎)·간장염·복막염·맹장염 같은 염증성 질환에도 복용한다고 알려져 있다.

대부분의 의료가 상류 계층을 위한 행위이며 서민들은 일상생활 주변에서 쉽게 얻을 수 있는 약물이나 주술적 방법으로 질병을 치료하는 의료 행위에 의존하고 있었다. 이런 의료 행위는 오랜 예로부터 민간에 전해져 내려오고 있다. 그중 오랜 경험의 축적으로 실시하고 있는 약물치료 방법이 있는데, 일정한 체계가 서 있지 않고 주로 한 가지의 약물을 사용하는 경우가 많다. 또 이런 민간 의료는 주술적 행위가 함께 할 때가 많았다. 민간 주술적인 방법은 간단한 주문을 계속 외거나 주부(呪符)를 사용하여 악귀를 쫓아내기도 하며, 길고 복잡한 과정을 가지는 무당의 굿에 이르기까지 그 형태가 다양하다.

이러한 방법들은 고대사회에서 더욱 번성하였는데, 의사보다는 무당을 신봉하여 무의(巫醫)가 악령을 쫓아냄으로써 질병을 치료한다고 굳게 믿어 왔던 것이다. 한민족의 창시와 함께 이어지는 단군 신화 속에 쑥 이주(二炷)와 마늘 이십매(二十枚)는 우리 민족의 의약이 시작이 되는 것으로 볼 수 있다. 그 약리적인 효능과 임상적 치료면에서 볼 때는 아직 확연한 해답이 없지만, 이 두 가지의 약물은 신화적이면서도 현실로 접근하는 데 있어 영적 감각을 느끼게 하는 민속 약재이다.

2. 외국의 고대 전통의료와 마늘의 이용

마늘은 5000년 전 범어(Sanskrit)로 기술된 기록이 있으며 고대 수메르인의 식사에 일상 식량으로 쓰였다. 그들은 티그리스와 유프라테스강 계곡에 마늘을 심었는데 히브리인이 이집트에서 노예 생활을 하며 먹었다는 기록보다 앞선 것이다.

실제 피라미드의 명문(銘文)에는 피라미드를 건설하는데 10만 명의 노동자가 30년 동안 노역을 하였다고 기록하고 있다. 이들은 마늘, 부추, 양파를 신포도주와 함께 먹고 견디었다고 하니 이들 식품이 피곤하고 지친 심신을 달래주는 데 도움이 되는 식품이었을 것이다. 구약 성서 민수기 11장에는 이스라엘 백성들이 약속의 땅으로 여행 중 이집트에서 먹었던 채소를 그리워하는 내용이 있다. 마늘은 부추, 양파와 함께 일상으로 식용되었고 고기나 다른 식품의 풍미를 주기 위하여도 이용되었다.

문자로 기록된 최초의 레시피는 바빌로니아 점토판에 새겨진 기원전 1750년의 기록이다. 이 시대에는 다양한 종류의 양파와 마늘, 운향 같은 허브, 사과·배·무화과·석류·포도가 부자들의 정원에서 났으며 가축이 도시에서 도살되었다. 마늘은 이와 같이 거의 인류의 음식의 역사와 함께 하였다.

호머(Homer, Homeros B.C. 800~750)는 마늘이 건강을 지켜준다고 칭송하였으며 그리스의 의사인 히포크라테스(Hippocrates, B.C. 460?~BC 377?)와 디오스코리테스는 Allium과 식물을 곤충에 물린데, 기침, 월경불

순, 피부질환, 전간(癲癎)의 치료에 이용하였다. 그리스와 로마 병사들은 전쟁에 나가기 전에 힘과 용기를 북돋기 위하여 마늘에 의존하였으며 마늘은 성욕을 증진시킨다고 알려져 왔다. 플리니(Pliny, 23~79년?)는 마늘로 치료될 수 있는 질병 61가지를 예로 들었는데 야생동물에 물린 것부터 기침까지 거의 모든 질병에 효과가 있다고 하였다.

카토(Marcus Porcius Cato, B.C. 234~B.C. 149)가 쓴 《농업론》(B.C. 200년경)은 현존하는 가장 오래된 라틴 산문인데, 그 안에 국가 경영과 기본적인 요리에 관한 주장이 실렸으며, 시골 저택에서라면 마늘을 곁들인 밀빵과 신선한 치즈, 훈제한 루카니아식 돼지, 렌즈콩, 치즈 케이크로 식사할 수 있다고 하였다.

고대 로마 사람들에 따르면 마늘을 약으로 만들 때에는 꿀이나 포도주에 섞고 고수풀로 향을 주기도 하지만 이러한 처리가 고창증이나 목마름의 원인이 될 수도 있다고 하였다. 그러나 위대한 로마의 의사인 갈렌(Galen, Claudios Galenos, 129~199)은 가난한 사람들은 질병에 대하여 대비를 하지 못하기 때문에 가난한 사람들의 약으로 마늘을 높이 평가하였다.

서양의 옛 사람들은 마늘이 만능 약으로 감염, 고혈압, 결핵, 독감, 두통, 감기 등 수백 가지 질병을 치료하는데 유효하다고 믿었다. 이러한 평판은 그 후에도 계속되어 흑사병 예방, 신경질환 치료에도 효과가 있다고 하였다. 그 밖에 뱀·전갈·역병을 구축하는 강력한 약초로서 옛날부터 각지에서 사용되었다. 할로윈(만성절)에 마늘을 문에 매달아 액을 막았고 페스트 유행 때에는 죽은 시체를 씻는데 사용되었다.

3. 세계 민속 의학과 마늘

역사가 시작된 이후부터 마늘은 전통민속에서 현재까지 계속 사용되어 오고 있고 그리스, 로마, 인도, 아랍인들이 고전적인 사용법 그대로 사용하고 있다. 민속 의학은 정규 학교에서보다 오히려 구전에 의하여 전통적으로 세습되어 왔다. 대부분은 어머니가 자식에게 알려주고 어머니가 실제 가정에서 이용하는 것을 보여주었을 것이다. 약초 요법의 전승은 아주 비공식적이었기 때문에 지역적으로 독립하여 발달하였다.

1) 중국

대부분의 서양 사람들은 중국 의학하면 침술을 떠올리기 쉽다. 침술은 전통 중국 의학에서 단지 15% 정도를 차지할 뿐이며 나머지는 약초, 섭생, 기공이라는 훈련으로 이루어져 있다. 중국 본초학은 세계 약초 의학에서 가장 발전된 체계를 이루고 있다. 본초학은 5000년 이상 끊임없이 발전되어온 결과이며 전통 의사들은 아직도 1500여 년 전에 쓴 의서를 참고로 하고 있다.

전통적인 면역증진 약초요법을 화학요법과 함께 쓴 암환자는 화학요법만 쓴 환자보다 생존율이 더 높다고 한다. 이와 같이 현대의 중국 의학은 서양의 생물 의학, 전통 본초학, 식이요법, 침술, 뜸, 기공 등이 협동하는 형태를 취하고 있다.

마늘이 중국의 고의서에 나타난 것은 서기 500년경으로 실제로 민간 약품으로는 훨씬 전부터 이용되었을 것이다. 마늘은 중국 본초학

에서 장내 기생충, 도장부스럼, 독소, 설사, 결핵, 기침, 백일해, 천식, 기관지염, 감기, 고창증, 피부질환에 사용될 수 있다고 기록하고 있다. 중국 의학은 동일한 증세를 나타내는 환자라도 동일한 처방을 하지 않는 특징이 있다. 환자가 가지고 있는 에너지에 따라 체질을 네 가지로 나누어 적절한 처방을 한다. 먹는 약뿐 아니라 식생활도 체질에 따라 먹도록 권하고 있다. 예를 들어 두 사람이 감기에 들었다고 하더라도 한 사람은 더위를 느끼고 탈수 현상이 있으나 다른 사람은 춥고 근육이 아프고 복부의 팽만감을 느낀다면 위 두 환자에 대한 처방은 아주 달라 열을 느끼는 환자는 찬 식품과 약초를 주고 가능한 한 땀을 내어 열을 내리도록 한다. 여기에서 마늘도 열과 건조를 가져오는 식물로 알려져 있다.

대부분의 경우 중국 한의사들은 수백 혹은 수천 년 전부터 전래되어온 고전적인 처방을 사용한다. 이 처방에는 기본적으로 4~12개의 약초를 종합하여 부작용을 감소시키고 균형을 맞추고자 노력하고 있다. 마늘은 이 처방에서는 잘 나타나지 않고 식생활의 일부로 기술되어 섭생에 이용되도록 하였으며, 많이 섭취할 것인가 피할 것인가는 환자의 체질에 따라 다르다. 다른 복용법으로는 차로 먹거나 날로 구어서 또 부서서 풀처럼 만들어 먹을 수도 있다. 중국 사람들은 껍질이 붉은 마늘이 약리적 효과가 좋다고 생각한다. 중국 한의사들은 심한 음체질의 증상을 보이는 사람은 마늘 섭취에 따른 부작용이 있어 마늘을 금기로 한다.

2) 인도

인도의 전통 의학은 적어도 3000년동안 전승되어 왔으며 초기의 기록 중에 마늘이 기록되어 있다. 전통의학은 인도와 파키스탄, 방글라데시에서 약 5억 명가량에 기초적인 의료 시혜를 제공하고 있다고 추정된다. 전통 의학에서 마늘은 산스크리트어로 기록되어 있으며 대부분의 전통 의술 시술자들은 마늘을 차, 분말, 즙, 기름으로 만들어 사용하였다. 전통 의학에서 마늘은 소화기계, 호흡기계, 신경계, 생식기계, 순환기계에 효과가 있다고 인정하고 있다. 마늘은 역시 원기를 회복시키고 대사 과정을 전반적으로 활성화시키는 것으로 보인다. 인도에서는 수 천 년 동안 마늘을 혈액순환 자극제, 소화 촉진제, 거담제, 항경련제, 최음제, 항감염제, 기생충 약으로 사용하여 왔다. 특히 인도 전통 의학에서 마늘은 강장제로 쓰이는 경우가 많았다. 강장제는 특별한 질병의 치료보다 건강을 증진시키는 약제이다. 이와 같이 강장제는 힘을 소모해버리는 것이 아니라 조직 내에서 힘을 내고 힘을 새롭게 증진시키는 것으로 효과는 서서히 나타나지만 오랫동안 계속된다고 한다. 이 강장 요법은 인도 요리에서 널리 이용되고 있다. 팬에 적당량의 기름을 가열하고 이 기름에 향신료를 넣고 몇분간 살짝 튀긴다. 다음에 채소를 넣고 저어 향신료의 풍미가 가득한 기름으로 볶는다. 인도 음식에 카레가 유명한데 인도 전통 의학서는 풍미를 주는 식품보다 강장제로서 기술하고 있다. 마늘은 넣은 강장 요법은 허약체질이나 허약한 상태에 있는 사람에게 유효하다. 이 체질들은 태어날 때 타고 나는 것으로 일생동안 변함이 없다. 그러나 한 사람이 순수하게 한 체질만을 갖는 경우는 드물며 복합적

이며 다른 형의 체질을 일부 갖는 경우도 많다. 그래서 전통 의사들은 처방을 하기 전에 기본 체질이 무엇인지를 조사하여 체질에 맞는 약품을 처방토록 한다.

마늘은 세계적으로 설사에 널리 쓰이고 있다. 대부분 아메바성 이질과 같이 감염성 미생물에 의하여 일어나는 설사의 경우 항생 기능을 나타내는 것으로 보인다. 인도 전통 의학에서는 이런 경우에도 체온이 높거나 얼굴이 뜨겁고 붉게 되거나 비정상적인 통증이 계속될 때는 마늘 처방을 피한다. 만성피로, 식품 알레르기, 캔디다 감염의 경우는 대부분 흡수장애와 관련 있는 증세들이다. 한 사람이 잘 먹어도 소화가 잘 되지 않으면 영양소가 장에서 흡수되지 않는다. 그 결과 대변 중에는 흡수되지 않은 영양소가 많고, 쇠약하게 되며 식욕이 없고 변비나 설사가 따르기도 한다.

인도 전통 의학에서는 마음에 작용하는 기능에 따라 식품을 세 가지로 나눈다. 곡류나 과실류와 같은 식품은 마음을 가볍고 깨끗하게 하며 커피와 같은 식품은 마음을 흥분시킨다. 또 다른 이 범주의 식품은 마늘과 양파, 쇠고기나 돼지고기와 같은 큰 동물의 고기, 오래되고 변질된 식품도 포함한다. 세 번째 식품이 갖는 상징적인 마음은 하고 싶은 것을 모두 마치고 누워서 TV를 보는 것처럼 편안함을 뜻한다. 이 식품들은 요가 수도자들에게 특히 중요하다고 생각되나 일상생활에는 큰 관련이 없다. 요가 수도자들은 앉아서 명상의 생활을 하고 대부분 독신이므로 성적 자극을 피하고자 마늘을 피하고 있다. 선승이나 티벳 승려들도 비슷한 생활을 하고 있으며 수도원에서 마늘을 금하고 있다. 마늘은 정신적인 안정을 해치고 감정을 일으키

게 하는 명상의 방해물로 보고 있기 때문이다.

3) 다른 나라들

영국에서는 16세기 초 헨리 8세 시대에 약초 요법이 발달하여 왕립 대학까지 만들었다. 그 후 약초 요법 시술자들은 법률적인 근거를 마련하여 면허 제도를 정착시키었다. 현재까지도 학위과정이 있으며 영국 약전에도 마늘에 대하여 아래와 같은 효능이 있다고 기록하고 있다.

- 혈액순환을 자극하여 땀을 나게 한다
- 기침을 통하여 점막을 깨끗하게 한다.
- 장과 기관지 경련을 완화시킨다.
- 세균과 바이러스를 죽인다.
- 백혈구의 면역기능을 자극한다.
- 혈압을 내린다.
- 기생충을 쫓는다

위와 같은 다양한 효능이 기록되어 있지만, 실제 영국에서 쓰이는 것은 호흡기계 질병에 대한 것으로 만성기관지염, 감기, 인푸루엔자, 천식, 백일해, 만성기관지충혈에 쓰이는 경우가 많다.

태국과 같은 기온이 높은 나라에서도 마늘은 민속 의약품으로 널리 사용되고 있으며 감염된 물을 섭취하므로 일어날 수 있는 기생충 감염을 예방하기 위하여 마늘 요리가 많이 이용되었다. 케냐, 짐바브웨와 같은 아프리카 국가에서는 마늘을 항생제로 사용하는 경우가 많다. 그들은 목이 아프거나 감염성 외상, 화상에 마늘을 사용하였

다. 아프리카인들은 마늘의 화학적 성분의 기능성을 알지 못하더라
도 마늘을 다져 쓰면 항생 효과와 면역 증강 효과가 있는 것을 알고
있는 듯하였다.

불가리아는 약초 요법이 부근 국가 중에서 가장 발달되었으며 그
역사가 매우 깊다. 고대 그리스의 자연과학자인 데오프라스투스는 불
가리아가 세계에서 약용식물이 가장 풍부한 지역이라고 하였다.

4. 화장용(化粧用)으로 마늘의 이용

화장의 기원에 대하여는 여러 가지 학설이 있으나, 인체의 아름다
운 부분은 돋보이도록 하고 약점이나 추한 부분은 수정 혹은 위장하
고 싶어 하는 욕망은 인간 생래의 본능이라는 본능설이 가장 유력하
다. 이 밖에 신분·계급·종족·성별을 구별하기 위한 치장이 미화 수
단으로 발전하였다는 신분 표시설, 자신을 위장 혹은 은폐시키기 위
한 치장이 미화수단으로 발전하였다는 보호설, 신에게 경배의 수단
으로 발전하였다는 종교설 등이 있다.

그렇지만 화장이 순수한 아름다움의 추구 수단이기보다는 종교의
식에 필요한 치장 또는 치료 행위의 일부였고, 산 사람이 아닌 사체
(死體)를 보존하기 위한 방편이었던 시대가 오래 지속되었다. 따라서
화장은 종교·의학·약학·과학 따위와 혼합되어 있었고, 주술 수단 또
는 신분 표시 수단이라고 생각되었다. 이와 같은 경향은 17세기부터
변모하기 시작하여 19세기에 이르러서야 화장이 독립된 개념으로 사

용되었다. 그러나 오늘날에도 미개 사회에서는 물론이고 초현대 사회에서마저 화장 행위를 또렷하게 구분 짓기 어려운 점이 적지 않다.

상고시대 단군 신화에 의하면, 한민족의 첫 주거지가 단목(檀木 : 박달나무) 근처라고 하는바, 이는 향나무인 박달나무를 신성하게 여기는 등 향료가 생활과 밀접하였음을 의미한다(물론 향료를 이 당시에 화장 재료로 사용한 것은 아니었다). 또 고조선시대에는 피부 미백 수단이 강구된 듯하다. 쑥과 마늘은 양념인 동시에 약재이기도 하지만 피부를 희게 하는 미용 재료로 사용되기도 하였다.

얼마 전까지 민간에서 널리 행하여진 미용 처방을 보면, 쑥을 달인 물에 목욕함으로써 피부를 건강하게 함과 아울러 희어지기를 기대하였다. 짓찧은 마늘을 꿀에 섞어 얼굴에 골고루 펴바른 뒤 씻어냄으로써 살갗의 미백 효과 외에 잡티·기미·주근깨 등을 제거하도록 노력하였다.

따라서 곰과 호랑이에게 쑥과 마늘을 사용하고 100일 동안 햇볕을 보지 말도록 한 것은 백색 피부 가꾸기를 시험한 사실이라고 볼 수도 있다. 우리나라 사람들은 흰 피부의 소유자를 귀인(貴人)이라고 생각하는 버릇이 있다. 이것은 고대의 백색 피부 소유자를 숭상한 데에서 유래하였다고 생각되기 때문이다. 한민족과 같은 샤머니즘 문화권인 야쿠트족의 창조 신화를 보면 최초의 인간인 백인이 흰 산, 흰 나무, 흰 연못 근처에서 탄생한바, 한국인이 고대로부터 백색을 호상(好尙)한 사실과 연관지어 생각한다면, 쑥과 마늘이 미백용 미용 재료로 사용되었을 가능성이 높다.

삼국시대 고구려·백제·신라 등 삼국의 화장술과 화장품에 대한 기록은 단편적이나마 남아 있어 전 시대보다는 윤곽을 상세하게 파악할 수 있으나 마늘을 화장의 재료로 사용했다는 기록이 없다. 특히 백제 사람들의 화장술과 화장품의 제조기술은 매우 높은 수준이었을 것으로 추측되나 백제 사람들이 사용한 화장품의 종류라든지 화장술의 구체적인 내용을 밝힌 기록은 없고 중국 문헌에 기록된 내용뿐이다. 통일신라 이후 정국이 안정되고 문물이 융성해져 일상생활이 자못 사치해졌기 때문에 화장 역시 사치해졌을 것이다.

조선시대 초기에는 고려시대의 사치와 퇴폐풍조에 대한 반작용으로 근검·절약이 강조되고, 사치스러운 옷차림과 장신구 화장에 대하여 여러 차례 금지령이 내려 일반인의 평상시의 치장이 고려시대에 비하여 훨씬 담박하여 졌다.

1) 목욕(沐浴)

우리나라 사람들은 목욕을 청결 수단 외 미용·건강·질병 치료 혹은 의식(儀式)의 수단으로 인식하였다. 문헌에 기록된 최고(最古)의 목욕은 신라의 시조 박혁거세와 그의 왕비인 알영에서 비롯된다. 즉, 박혁거세는 뭇 사람들이 놀랄 만큼 아름다운 남자였는데 동천(東泉)에서 목욕시키자 몸에서 광채가 났다고 한다. 알영은 몸매와 얼굴이 남달리 아름다웠으나 입술이 닭의 벼슬과 같은 결점이 있어서 북천(北川)에 데려가 목욕시켰다. 그러자 완벽한 미인이 되었다고 한다.

　고려인들은 신라인들보다 목욕을 더 자주 하는 동시에 사치스러운 목욕을 하였다. 서긍(徐兢)의 《고려도경(高麗圖經)》에서 고려인들은 하루에 서너 차례 목욕하였으며, 개성의 큰 내에서는 남녀가 한데 어울려 목욕하였다고 한다. 한편, 상류 사회에서는 어린애의 피부를 희게 하기 위하여 복숭아 꽃물로 세수시키거나 목욕시켰다. 어른 여자는 물론 남자도 난탕(蘭湯 : 난초 삶은 물)에 목욕함으로써 피부를 희고 부드럽게 하는 동시에 몸에서 향내가 나도록 하였다. 청결 관념의 확산으로 조선시대 역시 목욕이 중시되고 대중화하였다.

　따라서 대가에서는 목욕 시설인 정방(淨房)을 집안에 설치하였으며, 조두(澡豆)를 만들어 저장하고, 특히 혼례를 앞둔 규수는 살갗을 희게 하기 위한 목욕을 하였다. 난탕을 비롯하여 인삼잎을 달인 삼탕(蔘湯), 창포잎을 삶은 창포탕, 복숭아잎탕, 마늘탕, 쌀겨탕을 이용하였다.

　그러나 조선시대는 노출을 꺼리는 생활 관습으로 인하여 벌거숭이 상태로 목욕하지 않고, 옷을 입은 채로 신체의 부분 부분을 씻어나갔다. 이 때문에 대형의 욕조가 불필요진 대신 대형 함지박과 대야가 다수 제조되었다. 한편, 조선시대는 질병 치료를 위한 온천 목욕 및 한증도 성행하였다.

2) 표백(漂白)

- 기름과 먹이 함께 묻은 것은 반하가루, 오징어뼈가루, 활석, 고백(枯白)을 같은 분량으로 섞어 가루로 만들어 발라 깨끗이 빨고

마늘을 찧어 문지른다. 또 살구씨와 대추로 문질러 빨기도 한다.

- 여름옷에 곰팡이 슨 것은 은행즙과 마늘즙, 동과즙(冬瓜汁)에 빤
  다. 얼룩진 곰팡은 도라지 담근 물에 빨고, 침수(浸水)로 곰팡이
  슨 것은 무즙에 빤다.

- 의복이 누져 변색이 된 것은 동과(冬瓜)나 은행(銀杏)·마늘로 씻어
  낸다.　　　　　　　　　　　　　　　　　　　　　　 -《산거사요》

3) 화장품(化粧品)

피부용 제품 : 조두(세정제)·미안수(화장수)·면약(크림에 해당)·분백분·
색분(色粉 : 백합의 붉은 꽃수술의 분말을 채취하여 사용)·물분·볼연지·입술
연지·미묵(眉墨 : 눈썹·속눈썹용) 등이 있었다. 또, 팩(pack)에 해당하는
화장용품도 있었는데, 얼굴을 곱게 하기 위하여 꿀찌꺼기를 얼굴에
골고루 펴 발랐다가 몇 분 후에 떼어내었다.

또 다른 팩 방법은 짓찧은 마늘에 꿀을 섞어 하룻밤 재운 뒤 얼굴
에 골고루 펴 바르는 것인데, 이로써 얼굴이 희어지고 기미·주근깨가
제거되었다고 한다.

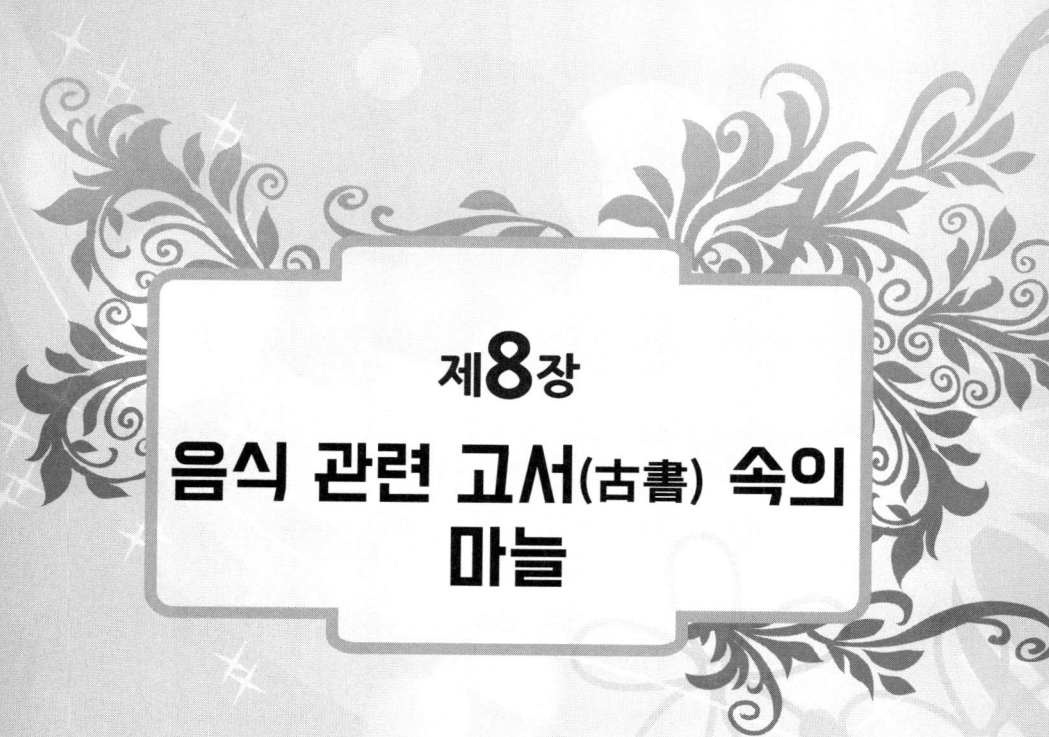

제8장
음식 관련 고서(古書) 속의 마늘

제8장 음식 관련 고서(古書) 속의 마늘

　우리나라에 마늘이 기록된 고서를 시대별로 구분하여 보면 1700년부터 1899년 사이에 집중되어 있는 것을 알 수 있다. 특별히 마늘에 관심이 많아진 것이 아니라 작품 활동이 왕성한 시기이기 때문이라고 생각된다. 고려시대의 기록은 단군 신화의 내용이 주를 이루고 있으며, 조선 초기에는 각종 의례에서 마늘을 섭취하지 않도록 하는 금기 식품으로 마늘을 거론한 것이 대부분이었다. 1700년대와 1800년대에 기록된 내용도 시문집에 기록된 것이 대부분인 것은 문자가 상류층의 독점적 작품 활동의 유산이었기 때문이다. 기록된 고서의 출간 연대가 불명한 것이 있어 저자의 생존 기간을 참고하였으나 생존 기간이 양 연대에 걸쳐 있을 때는 활동이 가장 활발했을 것이라는 연대를 추정하고 출간 연대를 정하였다. 또 초간 후 후대에 재간하거나 개정 보완하여 수정 본을 후손이 출간하였을 때는 어떤 연대 출간 본인지를 확인하기 어려워 초간본을 출간 연대로 하였다.

【표 2】 연대별 마늘관련 고서

연대	고서명
고려대	삼국사기(三國史記), 삼국유사(三國遺事), 동국이상국집(東國李相國文集)
1400년대	고려사(高麗史), 세종실록지리지(世宗實錄地理志), 동문선(東文選), 구급이해방(救急易解方), 사가집(四佳集), 고려사절요(高麗史節要), 국조보감(國朝寶鑑)
1500년대	신증동국여지승람(新增東國輿地勝覽)
1600년대	해동잡록(海東雜錄), 색경(穡經), 부상록(扶桑錄), 성소부부고(惺所覆瓿藁), 학봉전집(鶴峯全集), 서애집(西厓集), 동사일록(東槎日錄), 동사록(강홍준 東槎錄), 동사록(황호, 東槎錄)
1700년대	경도잡지(京都雜志), 동사강목(東史綱目), 청장관전서(靑莊館全書), 본사(本史), 후생록(厚生錄), 연암집(燕巖集), 성호사설(星湖僿說), 사직서의궤(社稷署儀軌), 진연의궤(進宴儀軌), 율곡전서(栗谷全書), 연행록(燕行錄), 연행일기(燕行日記), 경자연행잡지(庚子燕行雜識), 담헌서(湛軒書), 연행기사(燕行記事), 열하일기(熱河日記), 표해록(漂海錄)
1800년대	열양세시기(洌陽歲時記), 동국세시기(東國歲時記), 무명자집(梅潮遺稿), 목민심서(牧民心書), 산림경제(山林經濟), 지산집(芝山集), 부연일기(赴燕日記), 다산시문집(茶山詩文集), 만기요람(萬機要覽), 규합총서(閨閣叢書), 경세유표(經世遺表), 계산기정(薊山紀程), 부연일기(赴燕日記), 연원직지(燕轅直指), 동사록(유상필, 東槎錄)
1900년대	하재일기(荷齋日記)

1. 기력을 회복하게 하는 식품, 오신채(五辛菜)

오신채는 다섯 가지 매운맛이 나는 채소로 만든 새 봄의 생채요리로 입춘채(立春菜)·진산채(進山菜)·오훈채(五葷菜)·오신반(五辛盤)이라고도 한다.

유래을 보면《동국세시기(東國歲時記)》'입춘조(立春條)'에 경기도 내 산이 많은 6개의 고을, 즉 기협육읍[畿狹六邑, 양근(陽根), 지평(砥平), 포천 (抱川), 가평(加平), 삭녕(朔寧), 연천(連川)]에서 움파(葱芽)·멧갓(山芥), 신감초(辛 甘草, 승검초) 등 햇나물을 눈 아래에서 캐내 진상하고 궁궐에서 겨자와 함께 무쳐 '오신반'이라 하여 수라상에도 올렸다고 기록되어 있다.

오신반은 겨우내 결핍되었던 신선한 채소를 보충하고 자칫 잃기 쉬운 봄철 입맛을 돋우는 햇나물 무침이었다. 오신반의 다섯 가지 생채에 대하여는 시대와 지방에 따라 다르나, 오신채로 움파·산갓· 승검초·미나리싹·무싹의 다섯 가지 또는 파·마늘·달래·무릇·부추 와 같이 자극성이 강한 여덟 가지 나물(파·마늘·자총이·달래·평지·부추· 무릇, 미나리의 새로 돋아난 싹이나 새순) 가운데 황·적·청·흑·백 다섯 가 지 색을 띤 것을 골라 무쳤다는 설도 있다.

입춘에 자생 향채를 요리해 먹음으로써 봄을 맞이하는 감회를 새로 이 하고 아울러 이런 절식 풍속은 겨울을 지낸 후 인체의 부족했던 비 타민 C 섭취의 필요성을 생각하여도 합리화된 식습관이라 볼 수 있다. 오신채는 오방색의 경우에서처럼 노란색 나물을 중앙에 놓고 주위에 청·백·적·흑색의 나물을 놓아 이것을 임금이 신하들에게 하사하기도 했는데, 이들을 한데 섞어 무쳐 먹음으로써 모든 것을 화합·융합하여 임금을 중심으로 하나로 뭉치는 정치적 의미를 나타냈다고 한다.

서민들도 입춘이 되면 절식으로 오신채를 먹었다. 이때 오색의 상징 적 의미는 인(仁, 靑)·예(禮, 赤)·신(信, 黃)·의(義, 白)·지(智, 黑)의 덕목으로

각각 간(靑)·심장(赤)·비장(黃)·폐(白)·신장(黑)의 인체 기관을 의미한다. 입춘날 오신채를 먹으면 다섯 가지 덕을 모두 갖추게 되고, 신체의 모든 기관이 균형과 조화를 이루어 건강해진다고 믿었다. 오신채를 준비하지 못한 농가에서는 고추장에 파를 찍어 먹는 것으로 대신하기도 했다.

중국의 풍속에서는 교춘(咬春)이라 하여 생무를 먹거나 새것을 먹는다는 의미로 신반(辛盤)을 만들어 축하한다. 소송(蘇頌)에 따르면 음력 정월에 오신채를 먹으면 일 년 내내 전염병을 예방한다고 한다. 한편, 일본에서는 양력 1월 7일 아침에 나나쿠사유(七草粥, 들나물 7종을 넣고 끓인 죽)를 먹는 풍속이 있는데 이는 일 년간의 무병장수를 기원하는 음식이다.

서거정(徐居正)은 《사가집(四佳集)》에서 오신채에 대하여 여러 편의 시를 남겼다. 특히 입춘을 맞이하여

나는 일생 백년 이내에	我於百年內
쉰아홉 번째 봄을 만났는데	五十九逢春
해와 달은 재빨리 나는 두 새 같고	日月雙飛鳥
천지 사이에는 한 병든 몸이로세	乾坤一病身
연한 채소엔 푸른빛이 싱싱하고	靑歸盤菜細
진한 막걸리는 하얗게 발효되누나	白潑甕醪醇
계절의 사물에 눈이 참 놀라워라	節物堪驚眼
인정은 새것 얻는 걸 기뻐하고 말고	人情喜得新

　여기에서 '연한 채소엔 푸른빛이 싱싱하고'는 옛날 풍속에 입춘일
(立春日)이면 봄을 맞는 의미에서 다섯 가지 매운맛이 나는 훈채(葷
菜), 즉 파, 마늘, 부추, 여뀌, 겨자를 나물로 만들어 먹고, 또 이 나
물을 쟁반에 담아서 이웃에 나누어 주곤 했던 데서 온 말이다. 두보
의 〈입춘〉 시에 "입춘일 춘반 위엔 생채가 보드라웠어라, 장안과 낙
양의 전성기가 갑자기 생각나네. 쟁반은 고문에서 나와 백옥이 다닌
듯하고, 채소는 섬섬옥수로 푸른 실을 보내왔었지.(春日春盤細生菜 忽
憶兩京全盛時 盤出高門行白玉 菜傳纖手送靑絲)"라고 하였다.

　서거정은 나이가 들고 병약해져서 새봄을 맞이하는 것이 새롭게
느껴지는 감정을 표현하고 있다. 그래서 오신반을 먹고 봄처럼 생기
를 얻기 원하는 소망이 엿보인다.

오두막집에 또 한 해의 봄이 찾아 오니	茆齋又是一年春
계절 경물이 명백하게 눈에 산뜻 들어오네	節物班班入眼新
대궐에서 하사한 번승엔 채화가 따라오고	北闕賜幡隨彩勝
이웃에서 보낸 채반엔 오신이 섞이었구나	西鄰送菜錯盤辛
얼른 춘첩자 써놓고는 새해 경사 맞이하고	旋題門帖迎新慶
막걸리 동이 열고는 친구와 함께 마셔대네	爲發盆醪對故人
병골은 갈수록 쇠해 거울 보기 부끄러워라	病骨侵尋羞對鏡
명절을 만날 적마다 은근히 맘이 상하누나	每逢佳節暗傷神

또 서거정은 한해가 오고 가는 것을 입춘을 맞으며 더욱 절실히 느

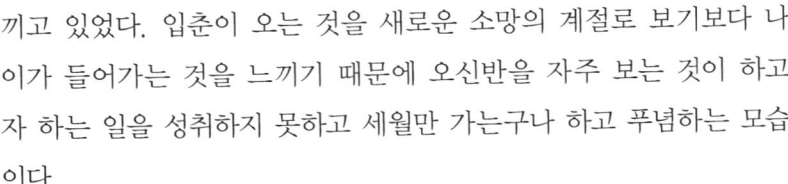

끼고 있었다. 입춘이 오는 것을 새로운 소망의 계절로 보기보다 나이가 들어가는 것을 느끼기 때문에 오신반을 자주 보는 것이 하고자 하는 일을 성취하지 못하고 세월만 가는구나 하고 푸념하는 모습이다.

금년에 또 입춘 절기가 돌아왔으니	今年又立春
세상일이 그 얼마나 새로워졌던고	世故幾番新
오신반 자주 보기가 싫증이 나서	厭見辛盤數
백주만 늘 불러서 서로 친하노라	頻呼柏酒親
뜻을 이루지 못한 건 세상일이요	蹉跎世上事
변하는 건 거울에 비친 몰골이라	變幻鏡中人
아 시세가 이렇게 실망스러운데	時勢嗟如此
가려 살 만한 산림도 흔찮네그려	山林少卜鄰

서거정은 입춘을 맞이하는 시를 자주 썼지만 흔들리는 마음을 감출 길 없이 그대로 표현하고 있다. 앞의 시보다 시기적으로 뒤에 쓴 것이지만 세월의 흐름을 한탄하고 있던 모습과는 다르게 다시 활력을 얻은 모습을 보여주고 있다.

육갑의 촉급함은 은밀히 알겠고	潛知六甲促
오신반 잦은 것은 보기가 놀랍네	驚見五辛頻
만물이 모두 생기가 넘치는지라	萬物皆生意
나는 지금 새해 맞음을 기뻐하노라	吾今喜得新

  또 서거정은 입춘일(立春日)에 지인들이 보내준 봄의 전령을 보고
감사하는 글을 쓰기도 하였다. 이옥여(李玉如)가 봄나물을 보내 준 데
대하여 사례하는 마음을 새봄맞이 정취로 흠뻑 젖어 이를 시로 고마
운 뜻을 표하였다.

새해엔 병이 많아 귀밑털이 흰 실 같은데	新年多病鬢如絲
봄기운은 사람 깔보고 대울을 넘어오네	春色欺人過竹籬
소반 가운데 보드라운 생채가 보기 좋아라	喜見盤中細生菜
봄의 풍미를 소릉(두보의 호)이 나보다 먼저 알았었네	少陵風味我先知
오신반의 생채는 실보다 더 가늘고 말고	五辛盤縷細於絲
반 이랑 새 채소가 울타리 너머에 있네	半畝新蔬隔短籬
급히 계집종 불러 백주 가져다 따르노니	急喚女奴斟柏酒
한 봄의 이 정취를 그 누구에게 알리랴	一春情興許誰知

  또 좋은 마늘을 보내준 윤홍천(尹洪川)에게도 사례로 시를 써서 마
음을 표하였다.

세월이 참으로 이와 같으니	六甲眞如此
오신을 사절할 수가 없구려	五辛不可辭
끝내 구업을 버리기 어렵기에	終難拋口業
이것을 얻고 기뻐서 시를 쓰네	得此喜題詩

  조선 후기의 문신학자인 윤기(尹愭, 1741~1826)는 그의 문고인 무명

자집(無名子는 윤기의 호)에서 스스로 경계하기 위해 벽에 써 붙인 글(書
壁自警)을 기록으로 남겨 두었다. 다음은 《시경》 '소아(小雅)'의 시구이
지만, 무명자가 특히 좋아했던 구절 중의 하나였던 듯하다.

"닭고기와 돼지고기, 생선과 마늘은 기회가 되거든 먹고, 생로병사
는 이르는 대로 순응한다.(鷄猪魚蒜 逢着卽喫 生老病死 時至卽行)" 그 뜻
을 해설한 것을 보면 '사람들이 나를 비방하든 칭찬하든, 좋아하든
미워하든 저들 하는 대로 내버려 두고, 곤궁하든 영달(榮達)하든, 뜻
대로 되든 되지 않든 처지에 순응한다면 누가 감히 나를 업신여기겠
는가?'로 설명하였다.

닭고기, 돼지고기, 생선에 마늘을 함께 한 무리로 묶어서 이들 식
품이 모든 사람들한테 환영받지 않았던 듯한 느낌이다. 그래서 기회
가 되거든 먹으라는 말은 다른 사람의 말이나 평에 신경 쓰지 말고
뜻대로 행하라는 경구가 아닌가 생각된다.

2. 《임원십육지》 내 '정조지'의 음식과 마늘

1) '정조지(鼎俎志)' 음식 재현

(1) 전오지류(煎熬之類) - 죽(粥)
즉어죽방(鯽魚粥方) : 붕어를 푹 고아 내린 즙에 멥쌀을 넣고 끓이다
가 산초, 대파, 마늘, 후춧가루, 생강 등을 넣어 쑨 죽이다. 큰 붕어

를 내장과 비늘을 제거하고 푹 삶아서 대나무 체에 걸러 껍질과 뼈를 제거하고 살과 국물을 취한다. 이 국물에 멥쌀을 넣어 죽을 쑤고, 산초와 생강 등을 넣어서 다시 끓여 먹는다. 　　　　　－《증보산림경제》

(2) 구면지류(糗麪之類) － 면(麪)

탁장면방(托掌麵方) : 얇은 밀가루 반죽을 술잔의 입 크기로 떼어서 삶고, 찬 육수에 우유를 섞어 부은 후 늙은 오이, 삶은 닭, 파, 마늘을 웃기로 얹은 국수. 좋은 밀가루에 소금을 넣고 찬물로 반죽하여 잠시 둔다. 반죽을 다시 주물러 면의 성질이 비벼서 탄환을 만들 정도로 한다. 쌀가루를 뿌려 방망이로 얇게 밀고 술잔을 엎어 술잔의 입 크기로 떠내는데, 얇을수록 좋다. 이것을 끓는 물에 넣어 익혀서 찬 육수에 넣는다. 건쳐서 육수를 갈아 주고 황과(黃瓜) 채 썬 것, 닭고기, 마늘, 락(酪 : 우유)을 넣어 먹기도 한다. 　　　　　－《거가필용》

(3) 교여지류(咬茹之類) － 제채(齏菜), 저채(菹菜)

산동과방(蒜冬瓜方) : 동아를 백반과 석회물로 데쳐서 말렸다가 소금, 마늘, 식초를 넣어 절인 장아찌. 큰 동아를 껍질을 벗기고 속을 파내어 동아살만 손가락 넓이로 자른다. 백반과 석회를 달인 끓는 물에 데쳐 햇볕에 말린다. 소금 2냥과 마늘 3냥을 찧어 말린 동아 1근에 섞어 항아리에 넣고 하룻밤 지난 후 초를 넣는다. 　　　　　－《중궤록》

호과저방(胡瓜菹方) : 늙은 오이의 속을 파내어 양념소를 넣고, 끓여 식힌 소금물을 부어 익힌 김치.

황과담저법(黃瓜淡菹法) : 늙은 오이(老瓜)는 꼭지를 따고 씻어 배 부분에 칼집을 내서 고춧가루, 파, 마늘 등을 오이 뱃속에 넣고 항아리에 담는다. 끓는 물에 소금을 타서 뜨거운 채로 부어 단단히 주둥이를 봉하면 다음 날 먹을 수 있다.　　　　　　　　　－《증보산림경제》

(4) 할팽지류(割烹之類) – 회생(膾生)

취팔선방(聚八仙方) : 닭, 양내장, 양혀, 새우에 상추, 죽순, 연근, 미나리 등 8가지 재료를 섞어 담고 그 위에 생강즙, 참기름, 식초를 뿌린 숙회. 익힌 닭을 실처럼 곱게 뜯어 놓고 익힌 양내장도 곱게 자른다. 양내장 대신 익힌 새우, 양혀, 천엽을 조각으로 자른다. 여기에 생채(生菜), 기름, 소금, 술지게미, 생강즙, 익힌 죽순채, 연근채, 향채(香菜), 원유(芫荽)를 넣고 주물러 접시에 담는다. 식초, 고추, 마늘, 락(酪) 등을 곁들이면 모두 좋다.　　　　　　　　　－《거가필용》

합회방(蛤膾方) : 조개껍데기에 살을 다져 넣고, 그 위에 대파, 마늘, 고추를 다시 얹어 겨자장을 뿌린 회. 대합살을 깨끗이 씻어 얇게 썰어 다시 껍데기 속에 담는다. 파, 마늘, 고추를 채 썰어 그 위에 얹고 초장이나 겨자장을 곁들인다.　　　　　　　　　－《옹희잡지》

2) 정조지(鼎俎志)

(1) 식감촬요(食鑑撮要)

① 채소류(菜蔬類)

• 소산(小蒜) : 달래

맛은 맵고 성질은 따뜻하며 독이 약간 있다.   −《신농본초》

맛은 맵고 성질이 뜨거워 야위게 하므로 오래 먹으면 안된다. −《명의별록》

독은 없으나 3월에는 오래 먹으면 기운이 떨어진다.   −《천금요방》

익히지 않은 생선과 함께 먹으면 기운을 빼앗아 음핵이 아프다.

달래는 오래 먹으면 힘이 약해진다.   −《황제내경》

통달래는 꿀과 함께 먹으면 안 된다. 달래는 피를 탁하게 하므로 먹으면 안 된다.   −《식금방》

달래를 많이 먹으면 눈이 어두워지고 혼미하며 졸음이 온다. −《사시양생론》

• 대산(大蒜) : 마늘

성질이 뜨겁고 매우며, 국에 넣으면 맛이 좋고 매운 기운이 약해진다. 기를 내리고 속을 따뜻하게 하며 곡물을 소화시킨다. 여름에 많이 먹는다. 날로 먹거나 오래 먹으면 간의 기운을 상하게 하고 눈이 잘 안 보이게 되며, 안색이 좋지 않다. 폐와 비장을 상하게 하고 가래를 끓게 하니 조심해야 한다.   −《식물본초》

(2) **교여지류**(咬茹之類)

① **엄장채**(醃藏菜)

• **조산방**(糟蒜方)

마늘 1근을 석회 끓인 물에 데쳐 햇볕에 말려 물기를 없앤다. 말린 마늘과 소금 1냥 반, 술지게미 1근 반을 섞어 항아리에 넣고 진흙으로 봉하여 두었다 2달 후에 먹을 수 있다. 　　　　　　　　　－《군방보》

② **건채**(乾菜)

• **쇄산방**(曬蒜方)

산묘법(蒜苗法) : 마늘 싹을 소금에 하룻밤 절였다 건져 햇볕에 말려서 끓는 물에 데친다. 감초탕에 담갔다 쪄서 햇볕에 말려 항아리에 담는다. 　　　　　　　　　　　　　　　　　　　　　　　－《중궤록》

쇄산대법(曬蒜臺法) : 살찌고 어린 마늘 대를 소금물에 데쳐 햇볕에 말린다. 사용할 때 따뜻한 물에 담가 불려서 간을 맞춰 먹는다. 고기와 같이 무치면 더욱 맛있다. 　　　　　　　　　　　－《거가필용》

말린 마늘과 파래를 소금에 3일간 절여 햇볕에 말려 절인 소금물에 데친다. 햇볕에 말려 쪄서 항아리에 담으면 오래 두어도 변하지 않는다. 　　　　　　　　　　　　　　　　　　　　　　　－《군방보》

③ 제채(虀菜)

• 초산방(醋蒜方)

어린 풋마늘을 1치(3cm) 크기로 잘라 10근에, 볶은 소금 4냥, 초 1
사발, 물 2사발을 섞어 항아리 안에 담는다.　　　　　　 -《중궤론》

초에 절인 마늘을 건져서 석회탕 1근에 데쳐 서늘한 곳에서 말린다.
소금 3전으로 하룻밤 절였다 꺼내 다시 서늘한 곳에서 말린다. 소금 7전
을 볶아 앞의 마늘 절인 초에 넣고 1~2차례 끓인 다음 식혀 항아리에
넣고 진흙으로 주둥이를 봉한다. 해가 지나도 상하지 않는다. -《군방보》

• 산과방(蒜瓜方)

중국 사람들이 말하는 산과(蒜瓜)나 산가(蒜茄)는 진흙처럼 찧어 만
든 마늘을 넣어 발효시킨 오이나 가지를 말한다. 우리나라 사람들은
개장(芥醬)과 과채(瓜菜)를 마늘이라고 부른다. 또는 옛 사람들이 자
(鮓)를 선(膳)이라 하였는데, 선은 형주 지방의 자어(鮓魚)이다.

선(膳)과 산(蒜)은 음이 서로 비슷하여 와전되어 산(蒜)이 되었다. 가
을에 작은 황과 1근을 석회, 백비탕에 데쳐 햇볕에 말려 소금 반 냥에
하룻밤을 절인다. 또 소금 반 냥, 벗긴 큰 마늘 3냥을 찧어 진흙처럼 만
들어 오이와 고루 섞어 항아리에 넣고 좋은 술과 초를 넣어 서늘한 곳
에 둔다. 동과와 가지도 이와 같은 방법으로 할 수 있다.　 -《중궤록》
늦가을에 작고 누런 오이를 따서 초물에 데쳐 이 마늘을 쓴다.

• 산동과방(蒜冬瓜方)

큰 동아를 껍질을 벗기고 속을 파내어 동아살만 손가락 넓이로 자른다. 말린 동아 1근에 소금 2냥과 마늘 3냥을 찧어 섞어 항아리에 넣고 하룻밤 지난 후 초를 넣는다.　　　　　　　　－《중궤록》

• 산가방(蒜茄方)

늦가을에 작은 가지의 꼭지를 따고 깨끗이 닦는다. 식초 1사발, 물 1사발을 섞어 달인다. 가지를 데쳐 널어 말리고 마늘을 찧어 소금과 섞어 식혀서 식초물과 가지를 고루 섞은 후 항아리 속에 넣는다.　－《거가필용》

• 산매방(蒜梅方)

푸르고 단단한 매실 2근, 큰 마늘 1근에 볶은 소금 3냥과 물을 끓여 식혀서 붓는다. 50일 후 소금물이 변색되면 그 물을 따라서 다시 달여 식혀서 붓는다. 병에 넣어 7월이 지난 후에 먹는데 매실의 신맛이 없고 마늘의 매운 기운도 없다.　　　　　　　　－《중궤록》

• 개자장숭방(芥子醬菘方)

개자장법은 미료지류를 보면, 속칭 백채산(白菜蒜)이라고도 부른다.

서리 맞은 배추를 깨끗이 씻어 2치(6cm) 정도 크기로 잘라 뜨거운 솥 안에 넣고 참기름으로 빨리 볶고, 식은 후에 자기 항아리 속에 넣고 겨자장을 붓는다. 주둥이를 봉하여 공기가 새지 않도록 한다. 동아나 마늘을 넣어도 좋다.

④ 저채(菹菜)

• 나복저방(蘿蔔菹方)

나복저법(蘿蔔醎菹法) : 첫서리가 내린 후에 무는 뿌리와 잎을 거두어 깨끗이 씻는다. 따로 고추와 고춧잎은 서리가 내릴 때 따서 소금에 절여서 쓴다. 푸른 오이는 6~7월에 소금에 절였던 것을 물에 담가 소금기를 뺀다. 가을 갓의 줄기와 잎도 절여 두었던 것을 쓴다. 동아의 껍질을 벗기지 않고 어린아이의 손바닥 크기로 자른다. 천초는 눈을 뗀다. 파는 뿌리를 자른다. 항아리에 무와 무청을 넣고 준비한 재료를 모두 층층이 넣는다. 마늘즙을 그 위에 끼얹어 뿌리고 감천수에 소금을 타서 붓는다. 항아리 주둥이를 봉하여 땅속에 묻어 공기가 새지 않게 하면 봄이 되어도 그대로 있다. 미나리와 어린 가지를 함께 담아도 좋다.

• 호과저방(胡瓜菹方)

황과담저법(黃瓜淡菹法) : 늙은 오이(老瓜)는 꼭지를 따고 씻어 배 부분에 칼집을 내서 고춧가루, 파, 마늘 등을 뱃속에 넣고 항아리에 담는다. 끓는 물에 소금을 타서 뜨거운 채로 부어 단단히 주둥이를 봉하면 다음 날 먹을 수 있다. －《증보산림경제》

• 가저방(茄菹方)

하월작가저법(夏月作茄菹法) : 가지는 꼭지를 따고 항아리에 넣는다. 끓는 물에 소금을 타서 약간 싱겁게 하여 식힌다. 여기에 마늘즙을 고루 섞어 부어 물이 가지에 스며들게 한다. 항아리 주둥이를 묶어 며칠이

지나면 먹는다. 혹은 칼로 가지의 배를 세로로 갈라 파, 마늘로 속을 넣
으면 가지 물이 두루 배어 나와서 본래의 맛을 잃는다. －《증보산림경제》

(3) 할팽지류(割烹之類)

① 갱확(羹臛)
• 자계방(煮鷄方)

초계법(炒鷄法) : 닭고기를 썰어 참기름 3냥으로 볶고 파, 마늘, 소
금 반량을 넣은 후 7할 정도 익혀 다시 간장 1숟가락 넣고 간을 한
다. 여기에 후추, 천초, 회향, 물 1사발을 넣고 끓인다. 좋은 술을 넣
으면 더욱 좋다.   －《구선신은서》

② 번적(燔炙)
• 적우육방(炙牛肉方)

설하멱방(雪下覓方) : 밀가루와 기름과 장물을 타서 엷은 죽같이 만들어 적
에 발라 굽는다. 또 마늘즙에 절여 구우면 연하고 맛이 좋다. －《증보산림경제》

우협적방(牛脅炙方) : 쇠갈비를 3~4치(9~12㎝) 길이로 잘라 화롯불에 굽는
다. 냉수 한 동이를 곁에 두고 구운 적을 바로 냉수에 담갔다 다시 굽는다.
이와 같이 하기를 3~5번 반복한다. 기름, 소금, 파, 마늘, 채 썬 생강, 후추
등의 양념을 넣고 다시 구우면 매우 연하고 맛있다.   －《옹희잡지》

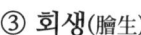

③ 회생(膾生)

• 육생방(肉生方)

고기를 얇은 조각으로 썰어 장유(醬油)에 담갔다 빨갛게 달군 솥에 살짝 볶아 핏물을 제거하고 곱게 채 썬다. 장, 오이, 술지게미, 무, 마늘, 사인, 초과(草果), 화초, 채 썬 귤피 등을 다져 참기름으로 볶고, 채 썬 고기에 넣어 먹을 때 식초를 쳐서 먹으면 맛이 좋다.　　　－《옹희잡지》

• 우육회방(牛肉膾方)

소의 콩팥을 썰어 깨끗이 씻고 비계 막을 제거한 후 나뭇잎과 같이 얇게 포를 떠서 접시에 담는다. 고추, 파, 마늘, 생강 등을 채 썰어 콩팥 위에 뿌리고 겨자장에 찍어 먹는다.　　　－《옹희잡지》

• 취팔선방(聚八仙方)

익힌 닭을 실처럼 곱게 뜯어 놓고 익힌 양내장, 익힌 새우, 양혀, 처녑을 조각으로 자른다. 여기에 생채(生菜), 기름, 소금, 술지게미, 채 썬 생강, 익힌 죽순채, 연근채, 향채, 원유(笎荽)를 넣고 주물러 접시에 담는다. 식초, 고추, 마늘, 락(酪) 등을 곁들이면 모두 좋다.　　　－《거가필용》

• 합회방(蛤膾方)

대합살을 깨끗이 씻어 얇게 썰은 후 다시 껍데기 속에 담는다. 파, 마늘, 고추를 채 썰어 그 위에 얹고 초장이나 겨자장을 곁들인다.　　　－《옹희잡지》

④ 포석(脯腊)

• 천리육방(千里六方)

껍질이 붙은 채로 뜬 양의 옆구리 살 5근에 식초 3되, 호유자(胡荽子) 1홉을 섞어서 명주 자루에 담는다. 소금 3냥, 술 3잔, 마늘 3냥을 넣고 뭉근한 불에 삶는다. 삶은 덩어리를 무거운 것으로 눌러 두었다가 썰어서 볕에 말린다.　　　　　　　　　　　　　－《거가필용》

⑤ 임료(飪料) : 양념

• 향두방(香頭方)

설탕 1근, 마늘 3주머니(큰 것은 3등분한다), 뿌리 달린 파 7줄기, 생강 7조각, 콩알 크기만 한 사향 1알을 섞어서 병에 담는다. 그 위에 사탕을 넣고 얼룩 댓잎으로 묶어 기름종이로 봉해서 중탕하여 하루를 끓이면 한 해가 지나도 상하지 않는다. 쓸 때마다 조금씩 취하면 바로 향기가 난다.　　　　　　　　　　　　　　　－《준생팔전》

• 오랄초법(五辣醋方)

간장 1숟가락, 식초 1전, 설탕 1전, 화초 5~7개, 후추 1~2알, 생강 1푼(分), 마늘 1~2편을 함께 섞으면 맛이 묘하다.　　　　　－《준생팔전》

(4) 절식지류(節食之類)

① 입춘절식(立春節食)

• 오신반방(五辛盤方)

입춘 때 5가지의 맵고 쓴 나물을 캐다가 무쳐서 먹는데, 대개 새봄을 맞이한다는 뜻이다. 오신은 모두 생채 가운데 매운 것들이다. 다만, 오신(五辛)의 종목에 대하여 설명하는 사람마다 다른데, 혹자는 마늘[소산(小蒜)], 부추[구(韭)], 염교[해(薤)], 유채[운대(蕓薹)], 고수[호유(胡荽)]를 오신이라 하고, 혹자는 마늘, 달래[대산(大蒜)], 부추, 유채, 고수를 오신이라고 하며, 혹자는 달래, 마늘, 무릇[흥거(興蕖)], 자총(慈葱), 각총(茖葱)을 오신이라 하고, 또 혹자는 달래와 염교를 제외하고 여뀌[료(蓼)], 겨자[개(芥)]로 대신하기도 한다. 우리나라의 오신 또한 정설이 없으니 파[총(葱)], 겨자, 승검초[신감채(辛甘菜)] 외에 혹자는 만청[蔓菁(순무)], 채복[菜葍(무)]을 넣기도 하고 혹자는 생강과 산초를 넣기도 한다.　　　　　 -《금화경독기》

3. 고조리서에 수록된 향신료와 조리법에 따른 마늘

향신료(香辛料)는 고추, 후추, 파, 마늘, 생강, 겨자, 깨 등을 음식에 넣어 맵거나 향기로운 맛을 더하는 조미료이다. 향신료는 허브(herb)와는 다른 개념으로 설명되는데, 일반적으로 식물의 잎을 제외한 부분, 즉 식물의 열매, 씨앗, 뿌리, 나무껍질, 꽃봉오리 등에서 얻는 것을 향신료라고 한다. 한국 전통 음식은 매운맛과 고소한 맛을 큰 특징으

로 하는데 이는 고추와 참깨를 많이 사용하기 때문이다. 한국 전통 음식에는 고추나 후추 이외에도 마늘, 생강, 겨자, 계피, 천초 등 매운 맛을 내기 위한 여러 향신료가 다양한 반찬류에 쓰였다.

고추가 본격적으로 사용되기 이전 우리나라 음식에 쓰인 향신료의 종류 및 조리법을 고찰하기 위해 1400~1700년대의 고조리서인 《산가요록》, 《수운잡방》, 《음식디미방》, 《요록》, 《주방문》, 《소문사설》, 《증보산림경제》의 총 7권을 대상으로 김 등이 발표한 내용을 종합 요약해 보면, 조리법 중 향신료가 사용된 조리법은 총 238개였으며, 각 해당 조리법에 사용된 향신료는 겨자, 계피, 고추, 마늘, 산초, 생강, 정향, 참깨, 후추, 회향의 총 10종이었다. 이 중 생강을 사용한 조리법이 96개로 가장 많았고, 다음으로 후추(86개), 천초(72개), 마늘(41개) 순으로 마늘이 적지 않게 이용되었다. 《소문사설》에서는 생강과 마늘이 자주 쓰였으며, 《요록》과 《음식디미방》에서는 천초가 많이 쓰였다. 《주방문》과 《소문사설》을 제외한 조리서에서는 마늘의 사용이 비교적 제한적이었다.

향신료가 사용된 238개의 조리법을 음식군 유형별로 분석한 결과 국수 및 만두류 중에서는 18개의 조리법에 5종의 향신료 즉 생강, 후추, 참깨, 마늘, 천초가 쓰였는데, 특히 생강과 후추의 사용이 많았으며 주로 만두의 소를 만들 때 양념으로 쓰였다. 만두를 먹을 때 생강이나 마늘을 넣은 초간장을 곁들이는 경우가 흔하였다. 다음 찬물류 중 국 및 탕류에는 18개의 조리법에 6종의 향신료 즉 후추, 생강,

천초, 마늘, 참깨, 회향이 사용되었으며 특히 후추의 사용이 많았다. 침채류는 향신료가 가장 많이 사용된 음식군으로 총 44개가 있었으며 7종 즉 마늘, 생강, 천초, 겨자, 고추, 후추, 회향이 사용되었다. 고추를 사용하는 것이 일반적인 현대의 김치와는 달리 천초, 겨자, 후추 등의 향신료를 사용한 점이 특징적이었다.

고추를 사용한 김치의 조리법은 1700년대 조리서인 《소문사설》과 《증보산림경제》에 이르러 등장하였다. 향신료가 사용된 젓갈 및 식해류 조리법은 총 13개가 있었으며, 후추와 천초가 가장 많이 쓰였고 그 외에 생강, 고추, 마늘이 쓰였다. 《증보산림경제》의 굴[석화(石花)]에는 젓갈 및 식해류 중 유일하게 고춧가루를 사용하였다. 《산가요록》의 분석을 통해 조선 초기에는 후추의 사용이 제한적이었으며 생강, 마늘, 천초 등이 매운맛 재료로 중요하게 쓰였는데 이는 수입에만 의존하던 후추와는 달리 생강, 마늘, 천초는 재배나 채집을 하여 구할 수 있었기 때문이다. 조선 초기에 후추는 식재료로 이용보다는 약재로 용도가 더 높았다. 고추가 유입된 후부터는 차츰 천초나 후추의 역할을 대신하여 매운맛 재료로 쓰이기 시작하였다. 또한 《증보산림경제》를 통하여 천초가루로 만들던 천초장이 고추장으로 바뀌기 시작한 것을 확인할 수 있었다. 위의 여러 경우를 종합하여 전체 사용 빈도로 보아서는 생강이 마늘보다 훨씬 높았다.

4. 일제강점기 마늘 관련 자료

• 일제강점기 때 발간된 농사시험장 25주년 기념지(1931) 배추김치 제조법 예시에서 총 14가지 재료 중에 마늘이 포함되어 있고, 동일 기념지의 나박김치 제조법 예시에서는 총 9가지 재료 중에 마늘이 포함되어 있다.

• 1918년 재판 《만가필비(萬家必備) 죠선료리졔법》[신문관(新文館)]의 침채 만드는법 20종 중에 마늘션, 1936년 증보 제7판 《주부(主婦)의 동무 일일활용 조선요리제법》(한성도서주식회사)의 장앗지 18종 중에 마늘장앗지-마늘션이 각각 들어있다.

• 《조선요리제법》(증보 7판, 1936) 배추김치 제조법에 총 12종 중 마늘(채친 것)이 포함되어 있다.

• 총독부 식산국에서 발간한 《조선의 특용작물과 과수소채》(1923) 에서는 일제강점기 전반기의 작물 재배 현황을 잘 나타냈는데 무, 생강, 파, 마늘, 상추, 배추, 시금치(菠薐草), 아욱(冬葵), 미나리, 수박, 참외, 오이, 호박, 가지, 고추 등이 있고, 이 중에서 가장 많이 재배되는 것은 무, 배추, 마늘, 고추라고 하였다.

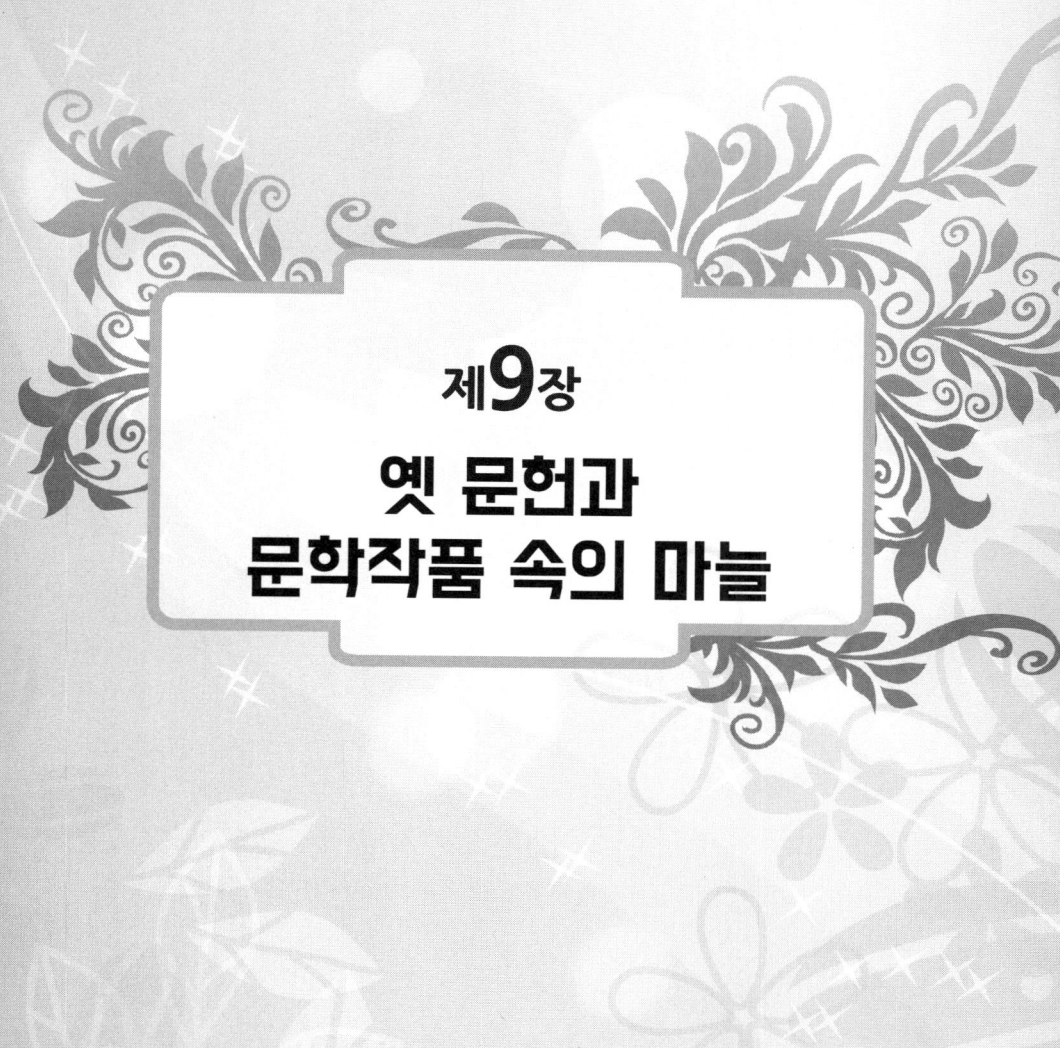

제**9**장

옛 문헌과
문학작품 속의 마늘

제9장 옛 문헌과 문학작품 속의 마늘

1. 시문집 속의 마늘

　다산은 《운담시집(雲潭詩集)》의 서(序)를 쓰고 그 내용을 《다산시문집》에 수록하였다. 그 내용에서 시인의 마음가짐을 본받기를 다산은 어떻게 바라고 있는가를 중국 고대의 시승(詩僧)들을 거론하므로 그 뜻을 알 수 있다. 운담 역시 조선 후기의 시승(1741~1804)으로 속되고 고상하지 못한 세속에 물들지 않고 참으로 죽순이나 고사리를 먹고 그윽한 산속에 은거하여 담박하게 몸을 수양하고, 죽고 삶을 한 가지로 여기고 남과 나를 똑같이 보아, 시원스럽게 속세를 해탈하였기 때문이라고 하였다. 그래서 운담의 시가(詩歌)는 고량진미를 맛있게 먹고 부귀영화에 마음이 조급한 자와는 거리가 있다고 하였다.

　중국의 시승들이 평소에 소식(蔬食)하고 마늘 같은 냄새 나는 채소나 비린내 나는 고기 등을 먹지 않았으며 부처를 신봉하였으니 어찌 보면 당연한 것이 아닌가 생각된다. 다산은 그 시대에 우리나라는 서민이나 승려들 중에 시를 하는 이가 아주 적고, 간혹 조금이나마 하는 자가 있으면 거칠고 용렬한 무리들이 서로 배척하여 명시(名詩)가 나올 시대적 상황이 아니었다고 다산은 생각하였다.

다산은 제자인 황상(黃裳)이 어지러운 세상을 피하여 조용한 곳에 기거할 집을 구체적으로 그려주어 글을 읽는 사람도 그곳에 들어가 있는 느낌이다.

"…… 그리고 담장 안에는 갖가지 화분을 놓되, 석류(石榴)·치자(梔子)·백목련(白木蓮) 같은 것들을 각각 품격(品格)을 갖추되, 국화를 가장 많이 갖추어 되도록이면 48종류의 구색이 갖추어져야만 비로소 겨우 구비되었다고 할 것이다. 뜰 오른편에는 조그마한 못을 파되, 크기는 사방이 수십 보 정도로 하고, 못에는 연(蓮) 수십 포기를 심고 붕어를 기르며, 별도로 대나무를 쪼개 홈통을 만들어 산골짜기의 물을 끌어다가 못으로 대고, 넘치는 물은 담장 구멍으로 남새밭에 흘러들어 가게 한다. 남새밭을 수면(水面)처럼 고르게 다듬은 다음 밭두둑을 네모지게 분할하여 아욱·배추·마늘 등을 심되 종류별로 구분하여 서로 뒤섞이지 않게 하며, 씨를 뿌릴 때는 고무래로 흙덩이를 곱게 다듬어 싹이 났을 적에 보면 마치 아롱진 비단 무늬처럼 되어야만 겨우 남새밭이라고 이름할 수 있을 것이다……"

시(詩)

《동국이상국집(東國李相國文集)》에서 이규보(李奎報)는 수재(秀才) 정공비(鄭公賁)가 문 장로의 어전(御前) 대담을 축하한 시에 차운하여 시를 지었다.

방포로 곤포(袞袍)를 모신 것이 부럽고	共羨方袍侵法袞
호안으로 중동을 뵈온 것이 자랑스럽네	堪誇胡眼對重瞳
어제 어원에서 총해를 다듬더니	御園昨日葱成薤
과연 고승이 궁중에 들어왔네	果見高僧入禁中

복양(濮陽) 오공 세문이 북사(北使)로부터 탄핵을 받고 서울로 돌아와 한가히 지내던 어느 날, 동각 김서정(金瑞廷)과 함께 원외(員外) 정문갑(鄭文甲)의 임원(林園)에 술자리가 베풀어졌다. 나도 그곳을 방문하여 말석(末席)에 참여하였는데 오공이 나에게 자랑하기를, "고금의 시집 중에 삼백 운의 시를 지은 사람은 없는데 나는 이 삼백 운의 시를 지어 고원의 여러 학사에게 드렸으니, 자네가 화답할 수 있겠는가." 하면서 그 시를 꺼내 보였다. 나는 그날 집으로 돌아와 차운, 화답하여 오공에게 보내고 아울러 정원외와 김동각에게도 이를 알렸다.

흔들리는 녹색에 마늘이 예쁘고	颺綠還憐蒜
돋아나는 황색에 유채(薙菜)가 환하구려	抽黃始見薤

《동국이상국후집》에 오신(五辛)을 끊는 것이 세속적인 것으로부터 벗어나는 어려운 일로 암시되어 있다. 처음으로 오신(五辛)을 끊고서 짓다.

뜻이 있으면 오신 물리치는 것 어찌 어렵겠는가	有意何難屏五辛
점차로 중인(中人)과의 관계 끊을 것을 생각한다	亦思漸斷內中人
어찌 악귀로 하여금 내 입술 핥게 하랴	那敎鬼舐五脣舌

 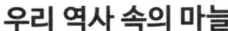

부처에게 설법으로 인연(因緣) 없애주기 청한다   請見楞嚴說助因

또 쇠고기를 끊는 것은 오신을 멀리하는 마음과 일맥상통한다.

오신(五辛)을 끊고 나서 시(詩) 한 수를 지은 일이 있는데, 그때에 쇠고기도 아울러 끊었으나 마음으로만 끊었을 뿐이고 마침 고기를 눈으로 보고서는 즉시 안 먹을 수 없었기 때문에 그 시에는 아울러 언급하지 못했다가, 지금 고기를 보고도 먹지 않고 나서야 시로 서술하였다.

소는 큰 밭을 가는데 능하여	牛能於甫田
많은 곡식을 가꾸어 낸다네	耕出多少穀
곡식이 없으면 사람이 어떻게 살랴	無穀人何生
사람의 목숨이 모두 여기에 달렸다네	人命所自屬
게다가 무거운 짐까지 운반하여	又能馱重物
모자란 인력을 보충해 주누나	以代人力蹙
하지만 이름이 소라 하여	雖然名是牛
천한 가축으로 보아서는 안 될 걸세	不可視賤畜
어찌 차마 그 고기를 먹고서	何忍食其肉
야자의 배를 채우랴	要滿椰子腹
가소롭다 두릉옹이	可笑杜陵翁
죽는 날 쇠고기를 배불리 먹었던 것이	死日飽牛肉

또 이규보는 이시랑(李侍郞)이 화답해 온 시에서 차운하여 화답하였다.

꿀맛 같은 겨울 무 그것보다 달거니	已勝冬菁甘似蜜
마늘이 너무 매워 국 못 끓임 걱정하랴	何論秋蒜辣難羹
내 입맛 나빠져서 비린 고기 안 먹는데	口訛都斥腥鱗遠
특이한 맛 알겠노라	舌嗒方知異味精

월봉(月峯) 정희득(鄭希得, 1575~1640)이 정유재란 때 영광 묵방포 칠산에서 일본군에게 붙잡혀 그의 형 경득과 함께 일본까지 끌려가 생활한 것을 1613년(광해 5)에 정리한 책이 《해상록(海上錄)》이다. 고향에서 가족들과 함께 피난하기 시작한 1597년 8월 12일부터 1599년 7월 28일까지 일기 형식의 "18일"이라는 기행류(紀行類) 작품이다. 마늘잎을 보고 고향을 생각하고 어머니를 추모하는 마음이 아프다는 내용이다.

채마밭에 마늘잎이 푸릇푸릇한 것을 보니	見一園中蒜菜靑靑
마치 봄날 같았다.	正如春時
이 나물은 곧 어머님이 즐기시던 것이라,	此菜乃母親所嗜
추모(追慕)의 애달픔에	追慕痛泣
오장이 무너진다.	五內崩裂
왜국은 기후가 따뜻하여 겨울에도	倭地地暖
나물이 푸릇푸릇하다.	冬菜靑靑

또 정희득(鄭希得)은 〈채마밭의 마늘을 보고〉란 칠언율시(七言律詩)에서 겨울에도 따뜻하여 밭의 채소를 보면서 공자(孔子)의 제자인 증삼(曾參)이 아버지가 죽은 후에 아버지가 좋아하시던 대추를 멀리 한 것처럼 어머니가 즐겨 드시던 채마밭의 마늘을 보고도 먹기가 꺼려진다는 효심을 표현하고 있다.

동해에 치우친 땅이라 겨울에도 따뜻해	地偏東海冬猶暖
눈 속에 푸성귀들 잎잎이 새로워라	雪裏園蔬葉葉新
대추를 먹지 않는 증삼을 멀리 사모하여	遠慕曾參不食棗
옷깃 적셔 남은 눈물 수건을 적시네	沾衿餘淚又沾巾

고려 후기의 학자 이곡(李穀)의 시문집인 《가정집(稼亭集)》 18권에도 〈입춘(立春)〉이라는 율시(律詩)를 후손들이 수차례 중간하였다. 이곡은 머리가 희게 변하였지만 출세의 미련을 버리지 못하고 세월이 가고 있는 것을 오신반에서 확실히 느끼고 있다. 세월이 바뀌는 것을 새봄의 입춘절에 강하게 느끼고 자신을 뒤돌아보게 하는 듯하다.

강해에는 돌아갈 기약도 없이	江海歸無日
경사에서 죽치고 있는 이 몸	京華滯此身
금마의 꿈에서 깨어나지 못한 채	未驚金馬夢
토우가 밭 가는 봄을 다시 맞았네	又打土牛春
삼통으로 추산하는 역법이라면	曆法推三統
오신에서 확인하는 인정이로세	人情見五辛

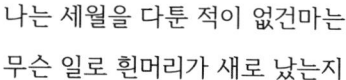

나는 세월을 다툰 적이 없건마는　　　　　　　　不曾爭歲月

무슨 일로 흰머리가 새로 났는지　　　　　　　　何事鬢毛新

　다산이 가을에 문암산장(門巖山莊)에 기거하면서 야생 노루를 잡은 것을 구워서 파, 마늘과 함께 먹는다고 하였다. 고기와 함께 파, 마늘이 성정을 흔드는 식품으로 인식되어 제례나 의식에는 기피 음식으로 되어 있다.

나무꾼이 앞산에서 노루 잡아 돌아오니　　　　樵叟前林打鹿歸

온 마을 환호 소리 산중 사립 술렁이네　　　　一村讙賀動山扉

흙화로에 구워내고 파, 마늘 곁들이니　　　　　地爐燒炙兼蔥蒜

농가에선 고기맛 못 본다고 뉘 말하리　　　　　誰道農家未饁肥

　다산은 자신이 49세 때인 순조 10년(1810) 7월에 강진(康津)의 유배지에서 폭풍우로 산야의 초목과 곡물이 혹독한 피해를 당한 것을 목격하고 지은 작품이 〈염우부(鹽雨賦)〉이다. 바닷물이 덮쳐 모든 식물과 농작물이 극심한 피해를 보고 절망적인 장면을 표현하였다.

…〈전략〉

은행나무 광나무 등의 나무들이　　　　　　　　平仲女貞

가지 꺾이고 잎 떨어져　　　　　　　　　　　　無不摧柯隕葉

산야에 모두 쓰러졌고　　　　　　　　　　　　顚踣陵岡

갓대 조릿대 해장대 이대 솜대 왕대 등의 대나무도

　　　　　　　篠簳筑篖鐘籠篁篾篔簹之竹

어지럽게 부러져서 　　　　　　　　　　　　　交加毁折

넘어져 처졌을 땐 고기가시 빽빽이 솟고 　　　　倒垂則魚鯁森起

날려서 굴러갈 땐 표범 털가죽 찢어진 듯 　　　飄轉則豹皮壙裂

거기에다 또다시 양하풀 여뀌 메밀 단수수 생강 토란 부추 달랑귀 파

마늘 냉이 올매 차조기 고추 배추 개자 무후나물 등의 식물까지

　　　　　復有蘘荷蓼薂蔗薑芋薤蟠蔥蒜秔莫苴蘇番椒菘芥武侯之蔬

짓무르고 녹아내려 　　　　　　　　　　　　　糜爛銷鑠

꼬락서니 추잡구나 　　　　　　　　　　　　　顔色穢纇

분노를 억제 누그러져 　　　　　　　　　　　拗怒少息

놀란 넋이 안정되자 　　　　　　　　　　　　駭魂乍定

논밭 이에 쳐다보니 　　　　　　　　　　　　乃瞻田疇

소금물이 온통 덮쳐 　　　　　　　　　　　　鹹嵯彌互

빽빽하던 벼 ……

경신년(정조 24, 1800) 봄에 복암(茯庵) 이공(李公)이 연경(燕京)에서 돌아왔는데, 사사로이 가져온 값진 물건이라곤 아무것도 없고 다만 수선화(水仙花) 한 뿌리를 휴대하고 와 그를 분수(盆水)에다 꽂아두었다. 나와 소릉(少陵)이 둘러앉아서 관상까지 했었는데, 유락(流落)한 이후로는 남북이 서로 갈려 멀기도 하려니와 그 꽃도 이미 말라버렸을 것이다. 그 옛날이 생각나서 서글픈 마음으로 〈수선화 노래〉란 시를 읊었다. 수선화의 뿌리가 호리병처럼 생겼고 무인지 마늘인지 구분을 하지 못할 정도로 생소한 식물이었다.

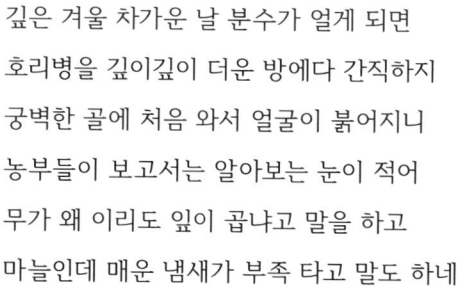

깊은 겨울 차가운 날 분수가 얼게 되면	盛多天寒盆水凍
호리병을 깊이깊이 더운 방에다 간직하지	膽瓶深深藏暖屋
궁벽한 골에 처음 와서 얼굴이 붉어지니	僻鄉初來面發騂
농부들이 보고서는 알아보는 눈이 적어	野客相看眼多肉
무가 왜 이리도 잎이 곱냐고 말을 하고	爭言萊菔葉正鮮
마늘인데 매운 냄새가 부족 타고 말도 하네	復道葫蒜薰不足

다산은 늦은 가을에 지인으로부터 수선화 분재 한 포기를 부쳐 왔는데, 그 화분은 고려시대 고기(古器)였다고 하니 고려청자 화분이었던 듯하다.

신선의 풍채나 도인의 골격 같은 수선화가	仙風道骨水仙花
삼십 년을 지나서 나의 집에 이르렀네	三十年過到我家
복로가 옛날 사신길에 휴대하고 왔었는데	茯老曾携使車至
추사가 이제 대동강가 아문으로 옮기었지	秋史今移浿水衙
궁벽한 산촌에서는 보기 드문 것이라서	窮村絶峽少所見
없었던 것 얻었기에 서로 다투어 들레어라	得未曾有爭喧譁
어린 손자는 억센 부추잎에 비유하더니	穉孫初擬薤勁拔
어린 여종은 도리어 마늘 싹이라며 놀라네	小婢翻驚蒜早芽
흰 옷과 푸른 휘장 서로 마주해 섰노라면	縞衣靑相對立
옥골격 향살결의 향내음은 절로 풍기는데	玉骨香肌猶自涴
맑은 물 한 사발과 바둑알 두어 개뿐이라	清水一盌棋數枚

 **우리 역사 속의 마늘**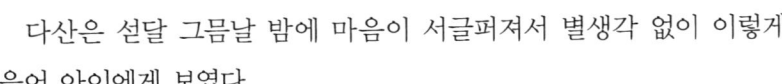

다산은 섣달 그믐날 밤에 마음이 서글퍼져서 별생각 없이 이렇게
읊어 아이에게 보였다

......

시들은 버들에 갈바람만 부는구나	悲風吹衰柳
죽어 갈 날인들 얼마나 남았으랴	乘化亦幾時
대대로 수명도 짧은 집안인데	家世嗇年壽
학문에 뿌리 없는 너희들에게	汝輩學無根
경전 한 권도 가르치지 못하다니	一經嗟未授
다행히 유자라는 이름만 듣는다면야	苟幸獲儒名
나는 늙고 추해도 달게 받겠다	我此甘老醜
숨어 살면서 채마밭 가꾸다가	隱居理園圃
벼슬 닥치면 굳이 마달 거야 없지	未必讓組綬
흙 걸구어 마늘을 심고	肥壤蒔葫蒜
숫진 땅에는 파 부추 심고	酥地植蔥韭
오랑캐는 가까이 말 것이며	蠻髦不可親
친구는 신중히 가려 사귀어야지	交游愼所取
의미 없는 이 몇 마디 말이라도	枯槁數端語
너희들 교훈은 족히 되리니	亦足箴左右
네 돌아가 아비 할 일 잘 처리하면	汝歸能幹蠱
내게도 큰 허물은 없으리라	庶......

다산은 학가가 왔기에 그를 데리고 보은 산방으로 가 이렇게 읊었다.

차츰차츰 농사에 대해 물었더니	漸及園圃思
밤나무는 해마다 증가하고	茅栗歲有增
옻나무도 날이 갈수록 번성하며	漆林日已滋
송채 겨자도 몇 이랑 심었는데	菘芥種幾畦
마늘은 맞을지 어떨지를 몰라	葫蒜宜不宜
금년에야 마늘을 심었더니	今年蒔葫蒜
마늘 크기가 배만큼씩 해서	葫蒜大如梨
산골 저자에 마늘을 내다 팔아	山市粥葫蒜
그것으로 오는 노자를 했다네	以玆充行資

다산은 여름날 전원의 여러 가지 흥취를 가지고 범양(范楊) 이가(二家)의 시체(詩體)를 모방하여 이십사 수를 짓기도 하였다.

마늘에선 수염 나와 하얀 꽃잎을 이루었고	蒜葅生鬚玉瓣成
오이넝쿨 겹친 잎새엔 노란 꽃이 숨어 있네	瓜藤疊葉隱黃英
새끼 닭에다 뽕버섯까지 섞어서 끓인다면	筍鷄剩有桑鵝糝
시 모임에 골동갱을 걱정할 것 없구려	詩會無憂骨董羹

서거정(徐居正)은 《동문선(東文選)》에서 칠언고시(七言古詩) 〈순 채포 유작(巡菜圃有作)〉에서 채마밭의 많은 채소가 등장한다. 또 채식의 즐거움을 노래하고 있다.

그대는 못 보았는가. 이른 부추 늦은 배추의 주옹의 홍과

君不見早韭晚菘周顒興

고미나물 순나물의 장한의 낙을   菰菜蓴絲張翰樂

또 못 보았는가. 문동 태수가 죽순을 즐겨 먹고   又不見文仝太守饞筍脯

이간 학사가 부추즙을 좋아한 것을   易簡學士愛虀汁

인생이 입에 맞으면 그게 진미지   人生適口是眞味

채소를 씹어도 고기만 못하지 않다네   咬菜亦自能當肉

내 집 동산에 몇 이랑 공지가 있어   我園中有數畝餘

해마다 넉넉히 채소를 심네   年年滿意種佳蔬

배추랑 무우랑 상추랑   蕪菁蘿蔔與萵苣

미나리랑 토란이랑 자소랑   靑芹白芋仍紫蘇

생강 마늘 파 여뀌 오미 양념을 갖추어   薑蒜蔥蓼五味全

데쳐선 국 끓이고 담가선 김치 만드네   細燖爲羹沈爲菹

내 식성이 본디 채식을 즐겨   我生本是藜藿腸

꿀처럼 사탕처럼 달게 먹으니   嗜之如密復如糖

필경 내나 하증이나 다 같이 배부른데   畢竟我與何曾同一飽

식전방장 고량진미를 벌일 필요가 없네   不須食前方丈羅膏粱

《사가집(四佳集)》은 조선 전기의 문신·학자인 서거정(徐居正)의 시문 집으로 '시류(詩類)'의 〈입춘〉을 보면 오색 신채가 보기 싫다고 했다. 옛날 풍속에 입춘(立春)이면 봄을 맞는 의미에서 매운맛이 나는 훈채 (葷菜)인 파, 마늘, 부추, 여뀌, 겨자 등 다섯 가지 나물을 만들어 먹 고, 또 이 나물을 쟁반에 담아서 이웃에 나누어 주곤 했던 데서 온

말인데 나이들어 백발이 되고 보니 새봄도 반갑지 않은 심정이었다.

새벽에 거울 보니 백발은 한층 더했는데	淸曉臨銅白髮新
조그마한 종이 오려서 의춘을 붙이노라	裁成小紙貼宜春
머리 가득 번승은 되레 부끄럽기만 하고	滿頭幡勝還羞澁
소반 속의 오색 신채는 정말 보기도 싫네	厭見盤中五色辛

서거정의 또 다른 시 〈입춘〉에서도 새봄을 맞아 세월의 흐름을 느끼면서도 파란 채소에 대하여는 신비럽게 생각하였다.

나는 일생 백년 동안에	我於百年內
쉰아홉 번의 봄을 만나고 보니	五十九逢春
일월은 한 쌍의 나는 새처럼 빠르고	日月雙飛鳥
나는 천지간에 한 병신이로다	乾坤一病身
파란빛은 소반의 보드란 채소요	靑歸盤菜細
하얀 것은 동이에 괸 막걸리로다	白潑甕醪醇
계절의 물건 보기에 참 놀라워라	節物堪驚眼
인정은 새로운 것 얻음을 기뻐하네	人情喜得新

《사가집(四佳集)》에는 서거정이 채마밭을 돌아보면서 느낌을 표현한 시가 있다. 서거정은 실제 지체가 높은 사람임에도 여곽, 즉 명아주잎과 콩잎을 먹는다고 하여 '빈천한 사람의 거친 음식을 즐겨먹는다'고 하였다.

......

인생은 제 입에 맞는 게 바로 진미이거니	人生適口是眞味
채소만 먹어도 고기와 맞먹을 수 있고말고	咬菜亦自能當肉
내 정원 안에 두어 이랑 남짓한 땅이 있어	我園中有數畝餘
해마다 아름다운 채소들을 한껏 심으니	年年滿意種佳蔬
순무와 무와 상추와	蕪菁蘿蔔與萵苣
푸른 미나리와 하얀 토란과 붉은 차조기에	靑芹白芋仍紫蘇
생강 마늘 파 여뀌랑 오미가 갖추어져서	薑蒜蔥蓼五味全
잘 삶아서 국 끓이고 김치도 담가 먹노라	細燖爲羹沈爲葅
나는 본래 여곽이나 먹는 창자라서	我生本是藜藿腸
채소를 마치 꿀처럼 사탕 ……	

서거정은 채소에 대하여 특별한 관심과 사랑을 보여주고 있다. 《사가집(四佳集)》 중 〈주소팔영(廚蔬八詠)〉도 그 사랑을 시로 표현하고 있다. 이런 채소들은 자극성이 있어 음욕이나 분노를 유발시킨다 하여 경계하기도 하지만 질병이 있을 때는 기력을 소생시키고 입맛을 자극한다고 생각하였다.

파(葱)

오훈을 남들은 경계하는 바이나	五葷人所戒
나는 병 때문에 안 먹을 수가 없네	我病不能無
하나하나가 황금 같은 뿌리에다	箇箇黃金本
더부룩한 백설 같은 수염이로다	鬆鬆白雪鬚

약으로 나를 붙든 공은 많거니와	多功扶藥餌
맛도 있어 식탁의 입맛을 돋우네	有味助庖廚
서 말을 누가 능히 먹을 수 있으랴	三斗誰能食
염매보다는 쓰이는 바가 적고말고	鹽梅小所須

서거정은 원일(元日)에 제석(除夕)의 인(人) 자 운(韻)을 읊어서 오인형(吳隣兄)에게 써서 부치기도 하였다.

예로부터 천도는 인에서 시작되거니와	由來天道起於寅
인사는 옛것도 새로워짐을 방금 보겠네	人事方看故亦新
거칠고 게으름 다 팔아 건강과 바꾸어서	摠賣疏慵博强健
스스로 담소 가지어 이웃과 나누고파라	自將歡笑講同隣
삼배의 축수 잔에 온 집안은 마냥 즐겁고	三杯壽酒渾家樂
오색의 신채 쟁반은 눈에 가득 봄이로다	五色辛盤滿眼春
앞으로는 그대와 함께 두 노인이 되어	從此與君成二老
천지간에 일생 백 년을 함께하리로다	一生天地百年人

《상촌집(象村集)》은 조선 중기의 문신 신흠(申欽)의 시문집이다. 신흠은 새해에 단천의 사군 심공이 자리를 베풀고 와서 신흠의 객지의 회포를 위로하고 시를 청하여 그 자리에서 써서 준 오언율시(五言律詩)를 보면 정조(正朝)에 신반(辛盤)을 먹으면 오장(五臟)이 건강해진다고 하여 신반을 먹는 것이 좋은 명절로 생각하고 있다.

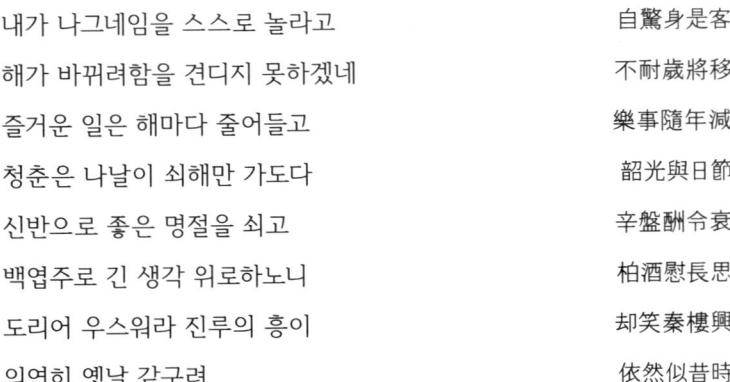

내가 나그네임을 스스로 놀라고	自驚身是客
해가 바뀌려함을 견디지 못하겠네	不耐歲將移
즐거운 일은 해마다 줄어들고	樂事隨年減
청춘은 나날이 쇠해만 가도다	韶光與日篩
신반으로 좋은 명절을 쇠고	辛盤酬令衰
백엽주로 긴 생각 위로하노니	柏酒慰長思
도리어 우스워라 진루의 흥이	却笑秦樓興
의연히 옛날 같구려	依然似昔時

입춘에 즈음하여 시를 쓴 사람이 매우 많다. 입춘이 새봄의 전령처럼 생각하기 때문에 많은 시객들이 새로운 감흥을 느끼는 듯하다. 또 시간의 흐름을 자연 속에서 쉽게 느낄 수 있는 시점이기도 하다. 조선 중기의 도학자이며 문장가인 노수신(盧守愼)도 입춘일에 회포를 풀었다. 이 시에서 연한 채소는 오신채를 나물로 만들어 먹은 데서 나온 글이다.

성주의 원년을 건립하는 때라	聖主元年建
궁벽한 마을도 봄기운이 새롭구나	窮村淑景新
추위를 지난 건 매화의 생각이요	經寒梅意思
섣달을 띤 건 버들의 정신이로다	帶臘柳精神
연한 채소는 섬섬옥수로 전해 오고	菜脆傳纖手
좋은 술은 늙은 입을 적셔 들어오네	醑香入老唇
형과 아우는 서로 얼굴 돌아보며	弟兄相顧色
멀리 북당의 봄을 축원할 뿐이로다	遙祝北堂春

　차천로(車天輅)도 그의 시문집《오산집(五山集)》에서 대전(大殿)의 춘
첩자(春帖子)에 오신반을 올려 장안과 낙양의 전성기가 갑자기 생각
났다는 두보(杜甫)의 〈입춘(立春)〉을 기억하게 하였다.

백자전을 열어서 위의 번성 노래하고	百子殿開歌魏盛
오신반을 올리어 당의 창성 칭송했지	五辛盤進頌唐昌

　조선 중기의 문신 이응희(李應禧)는《옥담시집(玉潭詩集)》에서 많은
소채류(蔬菜類)를 하나씩 들어 노래하였기에 파, 마늘과 연관된 내용
만 옮겨보았다.

상추(萵苣)

상추란 이름이 이미 알려져	萵苣名旣著
파 마늘과 나란히 일컬어지지	葱蒜品相齊
이슬 젖은 잎이 채마밭에 크고	露葉敷新圃
바람 부는 여름 밭에 줄기 자란다	風莖長夏畦
들밥을 내갈 때 광주리에 담고	饁彼盈筐採
손님 대접할 때 한 움큼 뜬다	供賓滿掬携
상추 덕분에 잠을 줄일 수 있는데	蒙君能少睡
파종은 이른 새벽에 해야 하네	耕種趁晨鷄

파(葱)

저 남쪽 밭의 채소를 보니	睠彼南畦菜

파릇한 봄파가 무성하여라	春葱鬱且森
뿌리 수염은 온통 흰 바탕이고	根鬚專素質
떨기 잎은 푸른 옥과 같아라	叢葉茁蒼琳
맛은 매워 위장을 따뜻하게 하고	味苦溫腸胃
진액은 달아서 신장 기운을 돕는다	津甘補腎陰
시골 늙은이 오래 이것을 먹으니	田翁長取食
미천한 몸이지만 병이 들지 않아라	居下病難侵

마늘(蒜)

생강도 계피도 귀한 것이지만	薑桂非無貴
이 맛보다 더 나은 것은 없어라	無踰此味長
많은 옥이 금기둥을 떠받치고	衆玉扶金柱
여러 구슬이 흰 씨방에서 터진 듯	群珠拆素房
갈아서 넣으면 오이 부침이 맛있고	研肌瓜炙美
즙을 내어 넣으면 물이 향긋하지	添汁水漫香
훈초(葷草) 기운 비록 탁하다 하지만	葷氣雖云濁
더위 물리치는 처방에 들어 있다네	參書却暑方

후추(楜椒)

응당 천초 위에 있어야 한다.	當在川椒上
남쪽 지방에서 자라는 후추가	楜椒南面産
천리 먼 우리 동방에 들어왔네	千里入東方
매운맛은 파 마늘보다 낫고	郁烈凌葱蒜

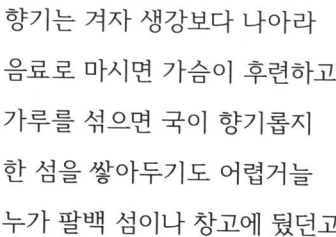

향기는 겨자 생강보다 나아라	薰芳蔑芥薑
음료로 마시면 가슴이 후련하고	吞漿胸滯豁
가루를 섞으면 국이 향기롭지	和屑鼎湯香
한 섬을 쌓아두기도 어렵거늘	一斛難爲貯
누가 팔백 섬이나 창고에 뒀던고	誰能八百藏

초의(草衣)는 15세에 운흥사(雲興寺)에서 출가해 19세에 대흥사(大興寺)의 완호(玩虎) 스님에게서 구족계(具足戒)와 초의라는 호를 받은 승려이자 조선 후기 차 문화의 부흥을 이끈 대표적인 차인이다. 한양으로 올라간 초의는 추사(秋史) 김정희(金正喜), 해거도인(海居道人) 홍현주(洪顯周), 자하(紫霞) 신위(申緯), 다산의 맏아들 정학연(丁學淵) 등 당대를 대표하는 지식인들과 돈독한 교분을 쌓고 유(儒)・불(佛)・선(禪)을 논하며 사상적 기반을 넓혔다. 완당(阮堂)은 은어를 쥐에게 도둑맞고서 초의에게 하소연하듯 시를 보냈다.

바늘낚시 걸려든 오십 마리 은조어는	五十銀條針生花
강정이라 어자의 집에서 보내왔네	來自江亭漁子家
어자는 고길 잡아 스스로 먹지 않고	漁子得魚不自食
꾸러미에 고이 싸서 먼 손에게 부쳤구려	包裹珍重寄遠客
앙상한 마른 폐가 참깨 마늘 냄 맡으니	槎牙枯肺因麻荃

점필재 김종직(金宗直)도 입춘을 맞아 활기를 띠는 농촌과 봄나물로 생기를 얻은 것을 시로 화답하였다.

 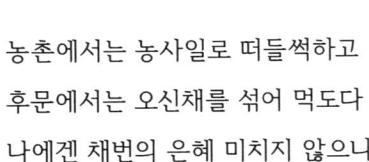

농촌에서는 농사일로 떠들썩하고	俚俗喧東作
후문에서는 오신채를 섞어 먹도다	侯門闘五辛
나에겐 채번의 은혜 미치지 않으니	綵幡恩未及
조회에서 나온 사람이 부러웁구려	堪羨退朝人

조선 초기의 문신 성현(成俔)은 《허백당집》, 《용재총화》와 같은 문집 외에도 《악학궤범》과 같은 의궤(儀軌)와 악보를 정리하여 악서(樂書)를 편찬하여 조선왕조 예악정신을 집대성하였다. 〈입춘(立春)〉은 《허백당집》에 수록된 의미가 깊은 시라고 볼 수 있다.

금년에는 추위가 더욱 극심하여	今年寒更甚
눈보라가 산마을에 자욱하여라	風雪暗山村
어느 곳에서 생나물을 뜯어 올꼬	何處挑生菜

2. 서간문(書簡文) 속의 마늘

다산이 김공후(金公厚)에게 보낸 서간에는 가뭄의 상황과 가뭄 때문에 고통 받는 농촌의 현실을 안타깝게 바라보며 그 틈에도 탐관오리들이 발호하여 백성을 더욱 괴롭힌다는 내용이 수록되어 있어 다산이 얼마나 백성을 사랑하는지를 알 수 있는 글이다.

"요사이 기거(起居)가 안녕하신지요? 탕(湯)임금 이후로 이 같은 가

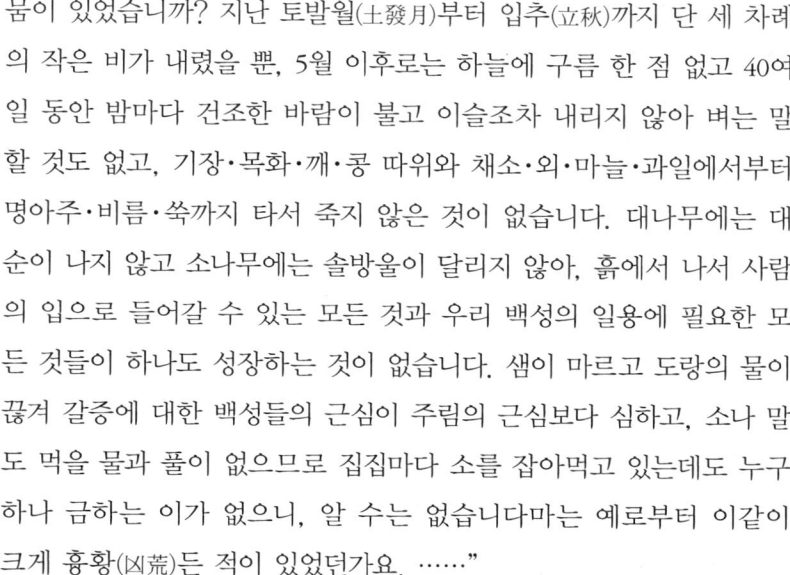

품이 있었습니까? 지난 토발월(土發月)부터 입추(立秋)까지 단 세 차례
의 작은 비가 내렸을 뿐, 5월 이후로는 하늘에 구름 한 점 없고 40여
일 동안 밤마다 건조한 바람이 불고 이슬조차 내리지 않아 벼는 말
할 것도 없고, 기장·목화·깨·콩 따위와 채소·외·마늘·과일에서부터
명아주·비름·쑥까지 타서 죽지 않은 것이 없습니다. 대나무에는 대
순이 나지 않고 소나무에는 솔방울이 달리지 않아, 흙에서 나서 사람
의 입으로 들어갈 수 있는 모든 것과 우리 백성의 일용에 필요한 모
든 것들이 하나도 성장하는 것이 없습니다. 샘이 마르고 도랑의 물이
끊겨 갈증에 대한 백성들의 근심이 주림의 근심보다 심하고, 소나 말
도 먹을 물과 풀이 없으므로 집집마다 소를 잡아먹고 있는데도 누구
하나 금하는 이가 없으니, 알 수는 없습니다마는 예로부터 이같이
크게 흉황(凶荒)든 적이 있었던가요. ……"

　다산은 이여홍(李汝弘)의 글에 답서로 이 글을 썼다. 분량이 아주
많은 것으로 보아 이여홍의 뜻과 다른 자신의 학문적 소신을 밝히고
있다. 《논어》, 《맹자》에 나온 본문에 대한 해석의 차이를 보이는 듯
하면서도 사이가 나빠질까 봐 걱정하는 모습도 보인다. 이여홍과는
그 후에도 몇 차례 서신 왕래가 있었다.

　"…… 사람의 성품이 선을 좋아하고 즐기는 증거가 두 가지가 있습
니다. 그 하나는 현재의 징험이고 그 하나는 필경(畢竟)의 공효입니다.
물욕에 빠져서 악(惡)을 하는 도적에게 어떤 모르는 사람이 청렴결백
하다고 칭찬하면 기뻐하니 그 성품이 선을 즐기는 것이 이와 같고,

물욕에 빠져 악을 하는 창기(娼妓)에게 책망하는 사람이 음란하고 더럽다고 나무라면 부끄러워하니 그 성품이 악을 미워함이 이와 같습니다. 이와 같은 모든 유가 현재의 징험입니다. 숭채(菘菜)의 성품은 오줌을 좋아하고, 마늘의 성품은 닭똥을 좋아하며, 벼(稻)의 성품은 물을 좋아하고, 기장(黍)의 성품은 조강(燥强)한 땅을 좋아하는데, 좋아하는 것을 얻은 것들은 싹이 나고 무성하며 번성하고 아름다워집니다. 사람들은 그 싹이 나고 무성하며 번성하고 아름다운 것을 보고서 그 기호를 아는데, 이는 늙은 농민들이 자신하는 바입니다. ……

이렇게 하기를 오래 하면 정신이 나가고 뜻이 어지러워져서 강신굴절(降身屈節)을 반복하여 사람 꼴이 아닐 것이니, 이를 초목에 비유하면 바로 황무(荒蕪)하고 초췌한 것입니다. 이로써 본다면 사람의 성품이 선을 편히 여기는 것(宜)이 마치 숭채가 오줌을 편히 여기고 마늘이 닭똥을 편히 여기고 벼가 물을 편히 여기고 기장이 조강한 땅을 편히 여기는 것과 같지 않습니까. 편히 여긴다는 것은 바로 그것을 즐기는 것이니, 이것이 필경의 공효입니다. 이로써 볼 때 성(性)이란 글자가 본래 기호라는 뜻으로 쓰인 것임을 의심할 수 없습니다."

다산은 또 두 아들에게 농사짓는 요령을 가르쳐주고 있다. 다산은 두 아들과 20여 편의 서신을 주고받았는데, 여러 가지 측면에서 아들은 훈육하는 모습이 눈에 보이는 듯하다. 매번의 편지가 안부를 간단히 전하는 것이 아니라 세상을 살아가면서 겪을 일을 선배로서 훈계하고 있다.

"채소밭을 가꾸는 요령은 모름지기 지극히 평평하고 반듯하게 해야 하며, 흙을 다룰 때에는 잘게 부수고 깊게 파서 분가루처럼 부드럽게 해야 한다. 씨를 뿌림에는 지극히 고르게 하여야 하며, 모는 아주 드물게 세워야 하는 법이니, 이와 같이 하면 된다. 아욱 한 이랑, 배추 한 이랑, 무 한 이랑씩을 심고, 가지나 고추 따위도 각각 구별해서 심어야 한다. 그러나 마늘이나 파를 심는 데에 가장 주력하여야 하며, 미나리도 심을 만하다. 한여름 농사로는 오이만한 것이 없다. 비용을 절약하고 농사에 힘쓰면서 겸하여 아름다운 이름까지 얻는 것이 바로 이 일이다."

《대산집(大山集)》은 1802년에 간행된 안동 출신 이상정(李象靖)의 시문집으로 조선 후기의 학자로 효행이 지극하고 문장이 뛰어난 김퇴보(金退甫)와 주고받은 서간문이다.

　[문] 빈객이 마주하여 식사를 하거나 다시 올 경우에 훈(葷)과 소(素)를 차리는 것이 적절한지의 문제에 대하여,

　[답] 요즘 사람들은 거상하는 것을 옛날 사람들처럼 할 수가 없기 때문에, 빈객과 더불어 예를 행하는 것을 왕왕 주인이 직접 하게 됩니다. 침처(寢處)와 언어(言語)가 모두 그런 형편인데, 유독 음식만을 폐하는 것은 또한 의미가 없을 듯합니다. 채소 같은 것으로 대략 빈주의 예를 갖추는 것은 부득이할 듯하니, 어떻게 생각하시는지요? 조문을 행한 다음 날 조문

을 마치고 다시 오는 경우, 만약 정분이 두터운 자가 아니라면 매번 소식(素食)을 차려 내기도 미안할 듯합니다. 훈채(葷菜)와 고기를 조금이나마 차려 내어 빈객이 선택하게 하는 것도 세속에서 통용되는 예이니, 감히 준용하지 않을 수 없습니다. 고명께서 대처하시는 바를 얻어서 절충하고자 하였으나, 끝내 가르침을 아끼시니, 매우 답답할 따름입니다.

《명재유고(明齋遺稿)》는 조선 후기의 성리학자 윤증(尹拯)의 시문집으로 엄청난 양의 문집이다. 그중에도 서한이 태반을 차지하고 있다. 아래 서한도 동문인 서촌 백문옥(白文玉)과 교류한 내용이다.

"죽순과 파, 마늘 종자를 보내 주어 매우 감사드립니다. 어찌 채소농사를 배웠겠습니까. 파종하는 방법까지 가르쳐 주시면 시험 삼아 배워 보겠습니다. 그런데 여기에 채소밭을 만들 만한 땅이 없으니 한탄스럽습니다."

또 윤증은 해주 목사(海州牧使) 나공(羅公)의 행장(行狀)을 기록하기도 하였다.

"…… 평소 세속에서 연다(煙茶)라고 하는 것을 매우 좋아하였다. 그러나 공적이든 사적이든 제사를 지낼 때는 바로 마늘을 먹지 않는 예에 준하여 금하였다. 해주에 있을 때 직접 석채(釋菜)를 행하였는데, 유생 중에 계율을 위반한 자가 있자 꾸짖고 벌을 주고는 이로 인

해 마침내 연다를 끊고 다시는 입에 대지 않았다. 뜻을 각려하고 성의를 보전시킨 예가 대부분 이러한 것이었다. ……"

조선 중기의 문신인 김장생(金長生)의 《사계전서(沙溪全書)》 '가례집람(家禮輯覽)'에서는 중국의 고전인 《예기》의 내용을 들어 현재의 제례(祭禮)의 기준을 말하고 있다. 《예기》 중 제의(祭儀)에 이르기를 "치재는 안에 대해서 하고, 산재는 밖에 대해서 한다." 하였는데, 이에 대한 주에 이르기를,

"치재(致齋)를 안에 대해서 하는 것은 그 마음을 삼가기 위한 것이고, 산재(散齋)를 밖에 대해서 하는 것은 외물이 들어오는 것을 막기 위한 것이다. 산재는 이른바 술을 마시지 않거나 냄새 나는 음식을 먹지 않는 것과 같은 따위이다. 3일간 재계하는 것은 치재만 말하는 것이다. 반드시 치재한 다음에야 고인의 모습이 끊임없이 눈앞에 떠오르게 되는데, 이는 생각이 지극하기 때문이다." 하였다.

산재에서 "냄새나는 음식을 먹지 않는다"라고 한 것은 "냄새나는 채소 즉 여훈(茹葷)은 《운서》에 이르기를, "먹는 채소를 '여(茹)'라고 한다. '훈(葷)'은 파나 마늘 등 일체의 냄새가 나는 채소이다. 또 파와 마늘이나 어육(魚肉)의 냄새를 모두 훈(葷)이라고 한다." 하였다.

또 《장자(莊子)》에 이르기를, "안회(顔回)는 집이 가난하여 여훈(茹葷)을 먹지 못한 것이 몇 달이나 되었다." 하여 여훈을 먹을 수 있느

냐의 여부가 빈부를 구별하는 기준이 된 듯하다.

정경세(鄭經世)는 조선 중기의 학자로 임진왜란이 일어나자 의병을 일으켜 공을 세웠고, 예론에 밝아서 김장생 등과 함께 예학파로 불렸다. 그의 시문집인 《우복집(愚伏集)》에서 같은 시대에 의병을 모아 공을 세운 숙평(叔平) 이준(李埈)에게 보낸 답신이 들어 있다.

"우리들이 이 노인을 경모한 것이 얕지 아니하니, 부음을 듣고서 집에서 곡(哭)하는 것은 참으로 불가할 것이 없습니다. 그러나 공공 장소에 모여서 곡하는 것은 아마도 실정에 지나친 듯싶습니다. 더구나 이 소식은 길거리에 떠도는 말을 전해들은 것으로, 아직은 사우(士友)들이 전하는 부고(訃告)를 보지는 못하였습니다. 그러니 지레 거행하기는 더욱 어렵습니다. 저는 지금은 우선 변식[變食, 음식물의 내용을 바꾸어 먹는 것으로, 재계(齋戒)할 적에 술을 마시지 않고 마늘 등의 향신료를 먹지 않는 것을 말한다]이나 할 생각입니다. 그러나 어찌 감히 저의 생각만 옳다고 하겠습니까. 바라건대 다시금 깊이 생각하고 헤아려 보시는 것이 어떻겠습니까. 온당치 않다고 여기실 경우 다시금 알려 주신다면 몹시 좋고도 좋겠습니다."

《용재총화(慵齋叢話)》는 조선 중기에 성현(成俔)이 지은 필기잡록류에 속하는 책으로 고려로부터 조선 성종 대에 이르기까지 형성, 변화된 민간 풍속이나 문물제도·문화·역사·지리·학문·종교·문학·음악·서화 등 문화 전반을 다루고 있다.

"…… 물건에는 서로 비슷한 것이 아주 많다. 닭과 꿩이 서로 비슷하고, 오리와 기러기가 비슷하고, 거위와 따오기(鵠)가 비슷하고, 말과 나귀가 비슷하고, 개와 이리가 비슷하고, 양과 양양(羚羊)이 비슷하고, 멧돼지와 돼지가 비슷하고, 쥐와 죽서(竹鼠)가 비슷하고, 고양이와 살쾡이가 비슷하고, 할미새와 따오기가 비슷하고, 호랑이와 표범이 비슷하고, 노루와 사슴이 비슷하고, 매와 솔개가 비슷하고, 붕어와 잉어가 비슷하고, 큰 미꾸라지(鰍)와 뱀장어가 비슷하고, 게(蟹)와 거미가 비슷하고, 파리와 등에(蝱)가 비슷하고, 도롱뇽(蛟)과 해계(醯鷄)가 비슷하고, 개구리와 두꺼비가 비슷하고, 파와 마늘이 비슷하고, 생강과 심황이 비슷하고, 앵무새와 딱따구리가 비슷하고, 노야기(香薷)와 갓(荊芥)이 비슷하고, 모란과 작약이 비슷하고, 배와 돌배가 비슷하고, 개암과 밤이 비슷하고, 오얏과 사과가 비슷하고, 가지와 오이가 비슷하고, 감과 귤이 비슷하고, 복숭아와 살구가 비슷하고, 소나무와 잣나무 전나무가 비슷하고, 예지(荔支)와 용안육(龍眼肉)이 비슷하고, 해당화와 모과꽃이 비슷하고, 불구슬(玫瑰)과 사계(四季)가 비슷하고, 금전화(金錢花)와 패랭이꽃이 비슷하고, 고비와 고사리가 비슷하고, 도라지와 인삼이 비슷하고, 부들과 창포가 비슷하고, 주사(朱砂)와 웅황(雄黃)이 비슷하고, 소뇌(消腦)와 용뇌(龍腦)가 비슷하니, 그 밖의 물건으로 대소와 장단이 비록 다르나 형체가 서로 비슷한 것은 한이 없다. ……"

3. 묘제의(墓祭儀), 묘비문(墓碑文)의 마늘

홍대용(洪大容)은 조선 후기의 실학자이며 과학사상가였다. 특히, 지전설(地轉說)과 우주무한론(宇宙無限論)을 주장했으며, 북학파의 실학자로 유명한 박지원(朴趾源)과는 깊은 친분이 있었다. 묘에 제사를 드리는 묘제(墓祭)에 대하여 지켜야 할 규례를 제시하고 있다.

"하루 앞서 재계한다. ― 술은 마시되 난(亂)에 이르지 않게 하며, 육(肉)은 먹되 마늘을 먹지 말며, 조상(弔喪)을 가지 않으며, 음악(音樂)을 듣지 않는다. 무릇 흉(凶)하고 더러운 일은 모두 참여하지 않는다. 묘인남녀(墓人男女)로서 무릇 구찬(具饌)하는데 일 있는 자는 또한 옷을 갈아입고 세수하고 씻으며(盥濯) 가마솥을 깨끗이 씻고 힘써 청결하게 한다. 제찬(祭饌)을 갖춘다. ……"

《동문선(東文選)》은 성종의 명으로 서거정(徐居正) 등이 중심이 되어 편찬한 우리나라 역대 시문선집으로 약 500인에 달하는 작가의 작품 4,302편을 수록하였다. 《동문선》은 채선(採選) 범위는 넓으나 주선자(主選者)의 좋아하고 싫어함에 따라 취사(取捨)되었다는 비평은 있으나 오늘날의 관점에서 보면 풍부한 양을 남겨 당시의 문학뿐 아니라 문화 전반에 대한 인식까지도 엿볼 수 있다는 점에서 후세에 커다란 혜택을 주고 있는 것이다

《동문선》에는 화장사(華藏寺) 주지(住持)였던 정인대선사(正印大禪師)의 비명(碑銘) 기록도 남겨 놓았다.

"어머니의 꿈에 중이 집에 와서 기숙하기를 청하더니, 이어 임신하게 되었다. 아이를 낳으니 골상이 준수하고 깨끗하며, 기근(機根)과 정신이 영명(英明)하고 고매(高邁)하여 어릴 때에도 희롱을 좋아하지 아니하며 무엇을 생각하고 있는 것 같았다. 홀연히 비범한 고승(高僧)을 만나니 그 중이 말하기를, '이 아이는 티끌 세상에서는 정착할 곳이 없다.' 하였다. 국사는 이때부터 마늘 냄새 나는 것과 비린내 나는 음식물을 끊고 겨우 아홉 살에 출가하기를 간절히 요구하였다. 열한 살 때에 선사 사충(嗣忠)에게 나아가 머리를 깎고 중이 되었으며, 그 다음 해에 금산사(金山寺)의 계단(戒壇)에 나가서 구족계(具足戒)를 받았다. 국사께서는 천품의 자질이 슬기롭고 영리한 데다가 널리 외전(外典, 불교 이외의 서적)에 능통하여 이것으로써 불교의 교리를 더욱 윤색하게 하였다."

다음은 《동문선(東文選)》에 수록된 대승은 복원사 고려제일대사 원공비(大崇恩福元寺高麗第一代師圓公碑)의 비명(碑銘)에 기록된 내용이다.

"북방의 풍속은 농사짓는 일은 하지 않고 목축으로써 생업을 삼기 때문에, 가축의 고기를 먹고 고깃국물을 마시며 그 가죽으로 옷을 만들었다. 공이 거기에 있은 지 두 해를 지났으나 굶주림은 참을지언정 절대로 마늘 냄새 나는 것을 먹지 않고, 계율을 지킴이 더욱 굳으니, 안서왕이 더욱 존중히 여겼었다."

또 서천[중국의 서쪽에 있는 천축(天竺), 곧 인도를 일컬음] 제납박타존자

부도명(西天提納薄陁尊者浮圖銘)처럼 출가하여 불교에 입문한 사람들에 대한 기록이기 때문에 그들이 외국인이건 우리 민족이건 그들의 삶에서 고기나 신채를 먹지 않았다고 하였으며, 그런 생활이 불자들의 기본으로 볼 수 있다.

"사가 스스로 말하기를, 나의 증조의 휘(諱)는 사자협(師子脇)이고 나의 조(祖)의 휘는 곡반(斛飯)이며 모두 가비라국[伽毗羅國 : 석가모니(釋迦牟尼)의 아버님 정반왕(淨飯王)이 다스리던 나라]의 왕이다. 나의 아버지 휘는 만(滿)이며 마갈제국(摩竭提國, 고대 인도 중부에 있던 나라)의 왕이다. 나의 어머니는 향지국공주(香志國公主, 남인도, 일설에는 페르시아공주)이며, 나의 두 형은 실리가라파(悉利伽羅婆)와 실리마니(悉利摩尼)이다. 나의 부모가 동방(東方)의 대위덕신(大威德神)에게 기도하여 나를 낳았다. 나는 어릴 때에 성질이 맑고 깨끗한 것을 즐기고 술과 마늘을 먹지 아니하였다."

허균(許筠)의 《성소부부고(惺所覆瓿藁)》에는 공조판서 행대호군(贈工曹判書行大護軍) 이군(李君) 묘갈명이 수록되어 있다. 묘갈명은 묘비(墓碑)에 새겨진 죽은 사람의 행적과 인적 사항에 대한 글을 말하며 묘비가 네모지면 비(碑), 묘갈은 형태가 둥글고 묘주의 품계가 5품 이하이며 4품 이상은 귀부이수(龜趺螭首, 거북 모양을 새긴 비석의 받침돌과 용 모양을 새긴 비석의 머릿돌)인 비를 세울 수 있었다.

"나는 매우 신기하게 생각하였더니, 이정이 '숙부의 가르침이다. 나의 숙부는 성품이 소박하여 화려한 것을 즐겨하지 않으시고 집안

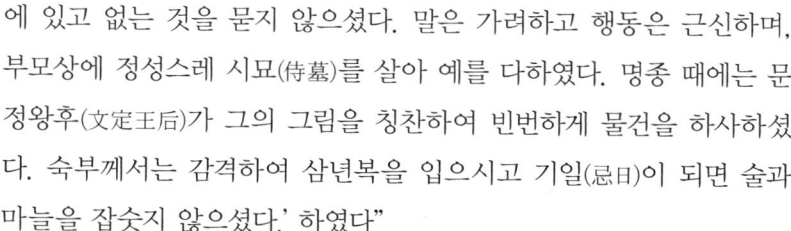

에 있고 없는 것을 묻지 않으셨다. 말은 가려하고 행동은 근신하며, 부모상에 정성스레 시묘(侍墓)를 살아 예를 다하였다. 명종 때에는 문정왕후(文定王后)가 그의 그림을 칭찬하여 빈번하게 물건을 하사하셨다. 숙부께서는 감격하여 삼년복을 입으시고 기일(忌日)이 되면 술과 마늘을 잡숫지 않으셨다.' 하였다"

4. 예술작품의 제작 수리에 마늘의 이용

화금청자(畵金靑磁)

고려 후기에 일부 수요자를 위하여 특별히 만들어진 청자의 일종이다. 화금청자의 기법은 완성된 청자의 무늬 가장자리 선을 따라 예리한 도구로 몸을 파서 흠집을 내고, 여기에 금니(金泥)로 메워 화려하게 하는 것이다.

중국 조소(曺紹)의 《격고요론(格古要論)》에 따르면, "금화정요완(金花定窯碗)은 마늘즙을 내어 여기에다 금가루를 개어서 그림을 그린 뒤 가마에 넣어 번조한 것이며 다시는 영영 떨어지지 아니한다."라는 기록이 있어, 고려의 화금청자도 중국의 금화정요완과 같은 수법이었거나 아니면 또 다른 강력접착제를 사용하여 금가루를 섞어 사용하였던 것이 아닌가 한다.

화금청자는 13세기 후반부터 14세기 전반에 걸쳐서 만들어진 것으로 보인다. 《고려사》 열전 '조인규전(趙仁規傳)'에는 조인규가 원나라의 사신으로 갔을 때 원나라 세조와 화금청자에 관하여 나눈 대화 내용이 있다.

홍만선(洪萬選)의 《산림경제(山林經濟)》의 '잡방(雜方)'편에는 서화를 씻는 법을 다른 문집에 나와 있는 것을 인용하여 수록하였다.

서화(書畫)를 평평한 상 위에 펴놓고 물을 고루 뿜어 적시고 다시 사면(四面)을 판판하게 한 다음 마미라자(馬尾羅子)로 한수석(寒水石) 가루를 1전 두께로 깔고 다시 물을 뿜어 적신다. 그리고 또 조각자 재를 깔고 앞의 방법과 같이 하여 반시간 동안 놓아두면 물에 젖어 일어나게 된다. 만약 오손(汚損)된 것이 있으면 등심초(燈心草)로 문지르면 깨끗하게 된다. 그리고 만약 먹에 더럽혀졌으면 모름지기 일복시(一伏時)의 방법을 사용하여 물에 젖어서 일어나면 먹의 흔적은 즉시 제거된다.   －《거가필용》

서화가 증습(蒸濕)되어 변색되고 젖은 것은 동과(冬瓜)를 사용하거나 은행(銀杏)이나 마늘을 사용하여 씻어낸다.   －《산거사요》

《오주연문장전산고(五洲衍文長箋散稿)》의 '사적잡설(史籍雜說)'에서는 중국 오행전(五行傳)에 대한 변증설이 수록되어 있다.

물리서(物理書)에 "대림사(大林寺)의 종이 벙어리가 되었는데 그 종의 귀가 깨져 있었다. 땅속의 화기(火氣)가 땅을 뚫고 솟는 것이 우레가 나오는 것과 같으므로, 종이 마침 거기에 당해 있으면 울리는데 그 기운이 강하면 날아간다. 오주(梧州) 운개사(雲蓋寺)에 구리로 만든 종이 있었는데 겉에 '한(漢) 태보(太寶) 원년에 주조하였다.'고 되어 있으니 이는 곧 남한(南漢) 유장(劉鋹) 때의 연호이다. 만력(萬曆) 신묘년 여름에 갑자기 소리를 내었는데, 오래도록 날아갈 듯이 가벼운 소리를 내면서 움직이는 모양을 하고 있었으므로, 우자(愚者)가 배·마늘·부추 등의 짠 즙을 뿌리고 오줌통을 그 땅에 부으니 드디어 그쳤다." 하였다.

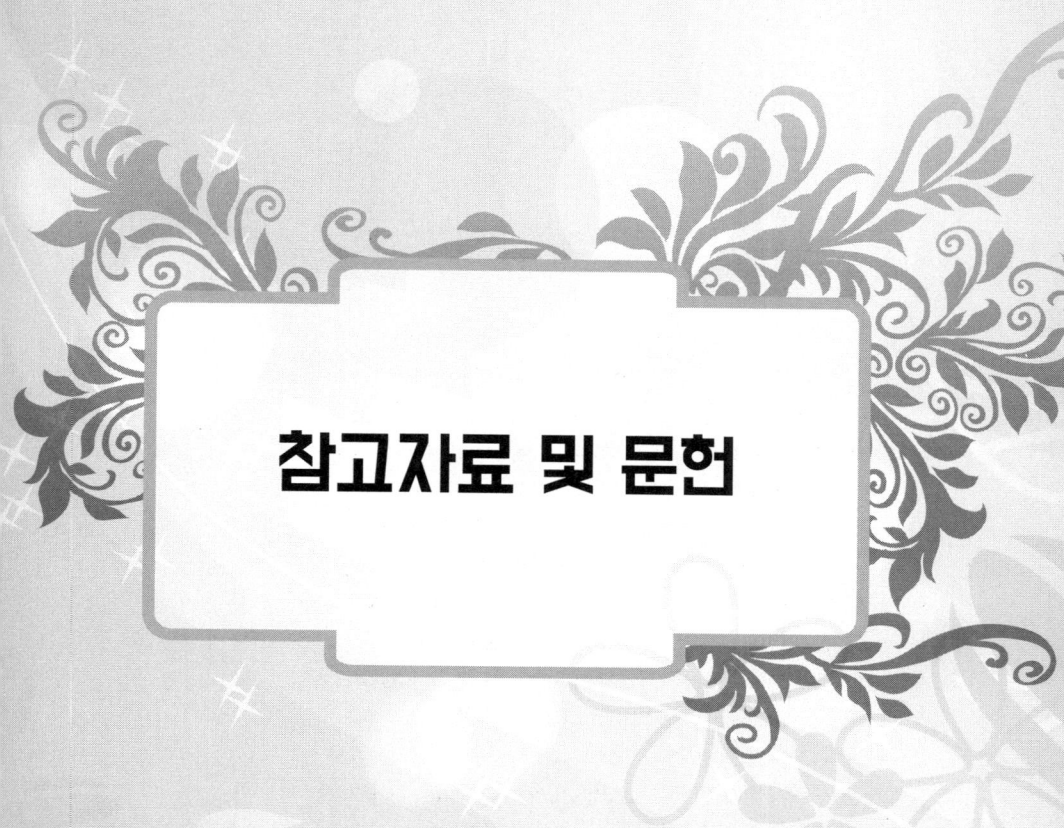

참고자료 및 문헌

참고자료 및 문헌

인터넷 정보

1. 국립민속박물관 http://www.nfm.go.kr/
2. 국립중앙박물관 http://www.museum.go.kr/
3. 국사편찬위원회 한국사데이터베이스 http://db.history.go.kr/
4. 국회도서관(전자도서관) http://www.nanet.go.kr/main.jsp
5. 누리미디어– DBpia http://www.dbpia.co.kr/
6. 사찰음식을 사랑한사람들 http://blog.naver.com/bommira/
7. 승정원일기 http://sjw.history.go.kr/main/main.jsp
8. 시공 불교사전 http://hdj4624.blog.me/220102766027
9. 조선왕조실록 http://sillok.history.go.kr/
10. 한국고문서자료관(한국학자료센터) http://archive.kostma.net/
11. 한국고전번역원 http://db.itkc.or.kr/
12. 한국고전적종합목록시스템 http://www.nl.go.kr/korcis/
13. 한국민속대백과사전 http://folkency.nfm.go.kr/
14. 한국민속신앙사전 http://terms.naver.com/
15. 한국민족문화대백과사전 http://encykorea.aks.ac.kr/
16. 한국사회과학자료원 http://www.kossda.or.kr/
17. 한국세시풍속사전 http://folkency.nfm.go.kr/sesi/index.jsp
18. 한국역사정보통합시스템 http://www.koreanhistory.or.kr/
19. 한국학자료포털 http://www.kostma.net/
20. 한국향토문화전자대전 http://www.grandculture.net/

인용 고서

1. 가정집(稼亭集), 이곡(李穀), 1364
2. 각사등록(各司謄錄), 충청병영계록(忠淸兵營啓錄),1819
3. 간이집(簡易集), 최립(崔岦), 1631
4. 경도잡지(京都雜志), 유득공, 조선 후기(정조?)
5. 경세유표(經世遺表), 정약용(丁若鏞), 1817
6. 경자연행잡지(庚子燕行雜識), 이의현(李宜顯), 1720

7. 계산기정(薊山紀程), 필자 미상, 조선 순조

8. 고려도경(高麗圖經), 서긍, 1123

9. 고려사(高麗史), 김종서, 정인지 등, 조선초

10. 고려사절요(高麗史節要), 김종서(金宗瑞) 등, 1452

11. 구급이해방(救急易解方), 1499년(연산군 5), 1523년(중종 18)

12. 구급이해방(救急易解方), 홍귀달, 정미수, 김흥수, 윤필상(洪貴達 鄭眉壽 金興壽 尹弼商), 1499

13. 국조보감(國朝寶鑑), 신숙주, 권람, 1457

14. 규합총서(閨閤叢書), 빙허각 이씨, 1809

15. 다산시문집(茶山詩文集), 정약용, 1865

16. 담헌서(湛軒書), 홍대용, 조선 후기

17. 동국세시기(東國歲時記), 홍석모, 1849

18. 동국이상국집(東國李相國文集), 이규보, 고려 말기

19. 동문선(東文選), 서거정, 1478

20. 동사강목(東史綱目), 안정복, 1778

21. 동사록(東槎錄), 강홍준, 1624

22. 동사록(東槎錄), 유상필, 1811

23. 동사록(東槎錄), 황호, 1636

24. 동사일록(東槎日錄), 김지남, 1682

25. 만기요람(萬機要覽), 서영보, 심상규, 1808

26. 명재유고(明齋遺稿), 윤증, 1732

27. 목민심서(牧民心書), 정약용, 1818

28. 목재집(木齋集), 홍여하, 1693

29. 무명자집(梅湖遺稿), 윤기, 조선 후기

30. 미호집(渼湖集), 김원행, 1772

31. 벽온방(辟瘟方), 저자 연대 미상, 조선 전기(세종?)

32. 본사(本史), 서명응, 1787

33. 부상록(扶桑錄), 남용익, 조선시대(효종)

34. 부연일기(赴燕日記), 작자미상, 1828

35. 부연일기(赴燕日記), 필자미상, 1828

36. 비변사등록(備邊司謄錄), 비변사활동 일기, 1617~1892
37. 사가집(四佳集), 서거정, 1488(초판), 1705(개간)
38. 사계전서 (沙溪全書), 김장생, 1687(초간)
39. 사직서의궤(社稷署儀軌), 1783
40. 산림경제(山林經濟), 홍만선, 1664~1715
41. 삼국사기(三國史記), 김부식, 1145
42. 삼국유사(三國遺事), 일연, 1206~1289
43. 상촌집(象村集), 신흠, 1630
44. 색경(穡經), 박세당, 1676
45. 서애집(西厓集), 류성룡, 1633
46. 성소부부고(惺所覆瓿藁), 허균, 1613(추정)
47. 성호사설(星湖僿說), 이익, 조선 후기
48. 세종실록지리지(世宗實錄地理志), 1454
49. 소재집(穌齋集), 서기수, 조선 후기
50. 신증동국여지승람(新增東國輿地勝覽), 이행, 홍언필, 1530
51. 연암집(燕巖集), 박지원, 조선 후기
52. 연원직지(燕轅直指), 김경선, 1832
53. 연행기사(燕行記事), 이갑, 1777
54. 연행록(燕行錄), 김정중, 1792
55. 연행일기(燕行日記), 김창업, 1713
56. 열양세시기(洌陽歲時記), 김매순, 1819
57. 열하일기(熱河日記), 박지원, 1780
58. 오산집(五山集), 차천로(車天輅), 1791
59. 오주연문장전산고(五洲衍文長箋散稿), 이규경(李圭景), 19세기 초
60. 옥담시집(玉潭詩集), 이응희, 조선 말기
61. 완당전집(阮堂全集), 김정희(金正喜), 1867(간행)
62. 용재총화(慵齋叢話), 성현(成俔), 1525
63. 우복집(愚伏集), 정경세(鄭經世), 1657
64. 율곡전서(栗谷全書), 이이, 1749
65. 점필재집(佔畢齋集), 김종직(金宗直), 1497

66. 중국 대세시기 I(국립민속박물관, 2006)
67. 중국 대세시기 II(국립민속박물관, 2006)
68. 증정교린지(增正交隣志), 김건서, 이은효, 임서무, 1802
69. 지산집(芝山集), 조호익(曺好益), 1883
70. 진연의궤(進宴儀軌), 1719
71. 청장관전서(靑莊館全書), 이덕무, 조선 후기
72. 표해록(漂海錄), 장한철, 1771
73. 하재일기(荷齋日記), 지규식(池圭植), 1902
74. 학봉전집(鶴峯全集), 김성일, 1649
75. 한국무예사료총서 10. 조선시대 문집), 서애선생 문집
76. 한국무예사료총서 11. 조선시대 문집·일기, 다산시문집
77. 한국세시풍속 I (김명자, 민속원, 2005)
78. 해동잡록(海東雜錄), 권별, 1670
79. 해동제국기(海東諸國記), 신숙주(申叔舟), 1471
80. 해사록(海槎錄), 김세렴(金世濂),1636
81. 해사일기(海槎日記), 조엄(趙曮), 1763
82. 해상록(海上錄), 정희득(鄭希得), 1613
83. 해유록(海游錄), 신유한(申維翰), 1719
84. 허백당집(虛白堂集), 성현(成俔), 조선 전기
85. 홍재전서(弘齋全書), 정조, 1799
86. 후생록(厚生錄), 신중후, 1767(추정)

참고문헌

1. 김상보, 한국의 식생활 문화, 광문각, 1997
2. 김석근·김종록·안성규·이승률, 한국문화대탐사, 아산서원, 2015
3. 김소영·양지혜·이승민·이영미, 1400-1700년대 고조리서에 수록된 향신료의 종
   류와 조리법에 관한 고찰, 한국식생활문화학회지, 30(3), 267~283, 2015
4. 댄 주래프스키(김병화 역), 음식의 언어, 도서출판 아크로스, 2015
5. 레이철 로던, 탐식의 시대, 다른세상, 2015

참고자료 및 문헌

6. 박홍현·이영남·이경희·김태희, 마늘의 세계, 효일, 2004
7. 서유구 지음(1798), 이효지·조신호·정락원·차경희 편역, 임원십육지, (주)교문사, 2007
8. 서혜경, 불교의 음식문화(비교민속학 24집)
9. 유중림 찬(柳重臨 撰, 1766), 이강자 외 13인 공국역, 증보 산림경제, 신광출판사, 2003
10. 윤서석, 한국식품사연구, 신광출판사, 서울, 1974
11. 이성우, 고려이전의 한국 식생활사연구, 향문사. 1978
12. 이성우, 한국식품문화사(韓國食品文化史), 교문사, 1997
13. 이종묵, 조선 백성의 밥상(난로회와 매화음), 한림출판사, 2014
14. 황우익·이성동·손홍수·백나경·지유환, 마늘 성분에 의한 면역 증강 및 항암 효과, 한국영양식량학회지, 19(5), 494~508, 1990

찾아보기

찾아보기

찾아보기

찾아보기

찾아보기

찾아보기

찾아보기

찾아보기

찾아보기

찾아보기

우리 역사 속의 마늘

초판 1쇄 인쇄   2016년 12월 13일
초판 1쇄 발행   2016년 12월 19일

지 은 이 | 박홍현 • 이성동
펴 낸 이 | 박정태
편집이사 | 이명수   감수교정 | 정하경
책임편집 | 김동서   편 집 부 | 위가연, 조유민
마 케 팅 | 조화묵, 박명준, 최지성   온라인마케팅 | 박용대, 김찬영
경영지원 | 최윤숙

펴낸곳   BOOK STAR
출판등록   2006. 9. 8. 제 313-2006-000198 호
주소   파주시 파주출판문화도시 광인사길 161
              광문각 B/D 4F
전화   031)955-8787
팩스   031)955-3730
E-mail   kwangmk7@hanmail.net
홈페이지   www.kwangmoonkag.co.kr

ISBN   978-89-97383-92-4   13590

가격   16,000원